AF324578

T. AGUSTINETTY

CÉLÈBRE MÉDECIN - VÉTÉRINAIRE ET PHILANTHROPE

« C'est avec la conviction que l'on »
« puise dans de longues experiences et »
« dans les études approfondies avec »
« cette sincèrité qu'engendre l'amour de »
« la vérité, que nous offrons ce livre au »
« corps des éleveurs, nous rappelant »
« que, arrivé aux dernières limites de la »
« vie, la Vieillesse est un Don fait à »
« l'homme pour être utile à ses semblables »

T. AGUSTINETTY

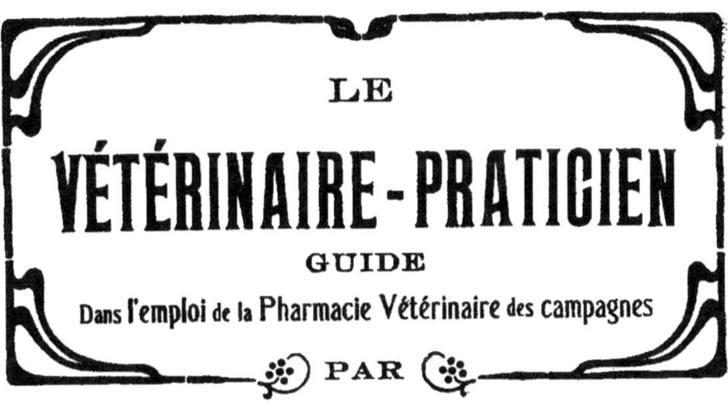

LE VÉTÉRINAIRE-PRATICIEN

GUIDE

Dans l'emploi de la Pharmacie Vétérinaire des campagnes

PAR

T. AGUSTINETTY, Médecin-Vétérinaire

Membre de la Société d'Agriculture, d'Horticulture et d'Acclimatation des Alpes-Maritimes :

de la Société de Médecine et de Climatologie de Nice

5ᵉᵐᵉ ÉDITION

CREST — IMPRIMERIE G. VÉZIANT

1926

Droits de Reproduction
et Traduction Réservés

AVANT - PROPOS

Ce livre, complément indispensable de notre Pharmacie Vétérinaire des Campagnes, a été écrit dans le but d'éclairer les personnes les plus étrangères à la Médecine Vétérinaire sur les maladies des animaux, afin que dans leur isolement, elles puissent elles-mêmes, avec l'aide de remèdes efficaces, donner de prompts secours.

Nous avons avant tout, cherché à rédiger un ouvrage présentant sous une forme accessible et concise les éléments de la science Vétérinaire: un traité pratique volontairement désencombré de toutes les théories ou discussions pouvant en altérer la clarté ; un vade-mecum devant répondre aux besoins constants des cultivateurs.

Mis au niveau des progrès actuels, tous les propriétaires d'animaux domestiques trouveront en lui un guide sûr, d'une utilité journalière incontestable.

Pour la classification des maladies et pour faciliter les recherches, nous avons adopté l'ordre alphabétique.

Nous avons encore simplifié ces recherches en employant pour désigner les maladies, les différents noms scientifiques et vulgaires, sous lesquelles elles sont connues.

Nous nous sommes efforcés de faciliter le diagnostic de toutes les affections, en mettant en évidence les symptômes dominants qui caractérisent chacune d'elles.

Le mode opératoire de deux interventions également utiles, la saignée et le séton, sera trouvé au chapitre I (généralités).

Enfin. pour être compris de tout le monde, nous avons souvent évité l'emploi des termes techniques, sacrifiant ainsi la forme au fond.

Dans une foule de maladies, la guérison dépend surtout de la promptitude avec laquelle on a employé les moyens de la combattre, car une maladie prise à son début est plus facile à guérir et permet au propriétaire d'utiliser plus rapidement son animal.

On le voit, cette considération est d'une très grande importance.

Notre Pharmacie fruit d'une longue expérience acquise au cours de plus de 30 années de pratique médicale, se compose de remèdes que nous pourrions appeler héroïques, mais qui ont besoin, dans quelques cas, d'être secondé par d'autres petits médicaments que chacun possède chez soi ou que l'on peut se procurer facilement dans toutes les Pharmacies.

La Pharmacie Vétérinaire des Campagnes est destinée aux propriétaires qui éloignés des Vétérinaires et des Pharmaciens, voient le plus souvent succomber leurs animaux, faute de soins intelligents et de remèdes.

Si, comme nous en avons la ferme conviction il nous était permis d'affirmer que la Pharmacie Vétérinaire des Campagnes soit efficacement venue en aide à nos vaillantes populations rurales, le but philanthropique que nous poursuivons aujourd'hui serait pleinement atteint.

T. AGUSTINETTY

CHAPITRE I

GÉNÉRALITÉS

DE LA FIÈVRE

La fièvre est un état maladif très fréquent de nature complexe exprimant la réaction de l'organisme à une atteinte et caractérisée non seulement par son signe essentiel qui est l'augmentation de la température du corps, mais encore par divers troubles satellites qui sont l'accélération des mouvements du coeur et des battements artériels, et l'accroissement du nombre des respirations.

La fièvre n'est qu'une exagération de la chaleur naturelle dépendant directement d'une augmentation de l'activité de la nutrition ; d'une plus grande intensité des combustions organiques.

La cause première de ces modifications de la nutrition est variable suivant les maladies, elle peut être d'origine nerveuse toxi-infectieuse etc....

Elle est souvent précédée de frissons et débute ordinairement par des phénomènes qui sont : l'Abattement, le manque d'ardeur au travail, la pesanteur de la tête, la courbature, le défaut d'appétit, la rumination retardée ou nulle, l'accélération des mouvements du flanc, la diminution des sécrétions.

Le pouls peut atteindre 60 pulsations chez le cheval, 80 chez les bêtes bovines et 100 chez les petits animaux ; en même temps que le pouls augmente de vitesse, il change de caractère suivant les affections et l'âge.

La température peut se mesurer avec la main appliquée sur la peau ou plus exactement avec le thermomètre introduit dans le rectum.

Chez les animaux fébricitants on remarque comme nous l'avons dit la suppression partielle ou totale des sécrétions, quand celles-ci reparaissent avec abondance, c'est un signe favorable. La diminution de salive entraine la sécheresse de la bouche.

Chez les bêtes bovines le mufle est sec et chaud, l'urine sans faire totalement défaut est moindre, rosée et trouble, la démarche est raide et les reins ont perdus leur souplesse.

Traitement — D'une manière générale la fièvre peut se combattre par l'**Acétanilide**, tout en continuant le traitement particulier à la maladie elle-même.(Pour les doses convenant à chaque espèce animale consulter le tableau situé à la fin de l'ouvrage).

Chez les grands animaux on pourra donner au maximum : le matin, à midi et le soir une cuillerée à café soit 2 grammes 90 centigrammes environ d'Acétanilide, mélangée à une cuillerée à soupe de Miel. Ne jamais dépasser trois cuillerées à café par 24 heures et même cesser l'administration du médicament si, dans la journée, la température revient à la normale qui est de :

Chez le cheval	38°
— le boeuf	38°,6 à 39°
— le mouton et la chèvre	39°,6 à 40°
— le porc	40°
— le chien	38° à 38°,5
— les volailles	40°,5

DU POULS

Le pouls est la sensation de soulèvement brusque qu'éprouve le doigt lorsqu'il presse légèrement sur une artère superficielle reposant sur un plan osseux.

Ce soulèvement est dû à la poussée sanguine résultant de chaque contraction du coeur, poussée qui produit un choc sur le sang contenu dans l'artère.

La constatation du pouls sur un animal sain et au repos doit donner des soulèvements réguliers, égaux en nombre et en force.

Dans la jeunesse le pouls bat plus vite, il est retardé dans l'âge avancé ; le pouls est aussi plus fréquent pendant la gestation ainsi que pendant le travail.

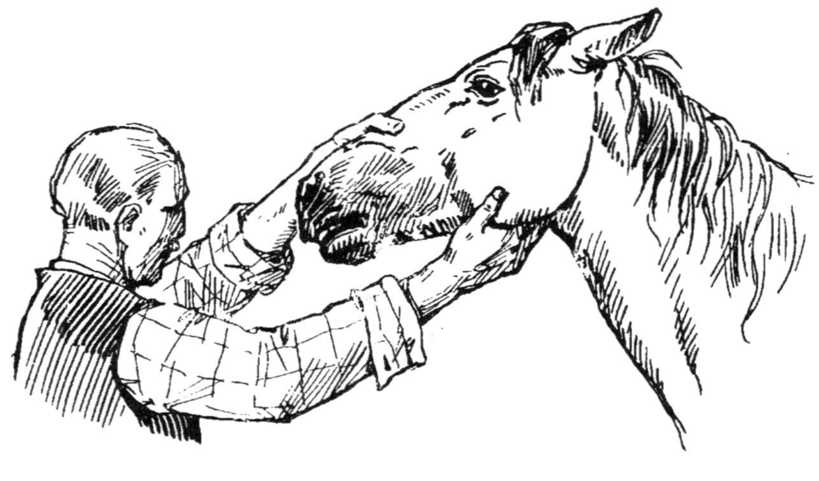

EXPLORATION DU POULS (Cheval)

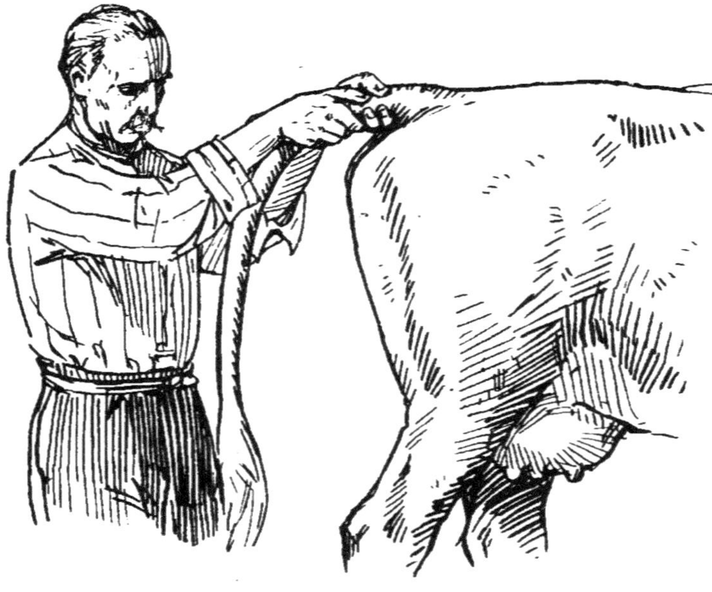

EXPLORATION DU POULS (Bovins)

EXPLORATION DU POULS (Petits Animaux)

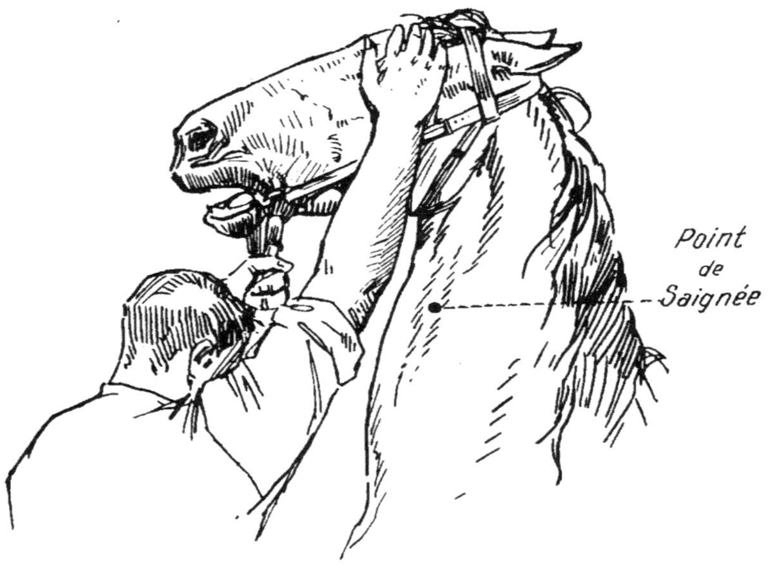

SAIGNÉE CHEZ LE CHEVAL

Les périodes des fortes chaleurs de l'été augmentent la vitesse du pouls.

D'après les principaux auteurs, la moyenne des pulsations pendant une minute chez les différents animaux domestiques serait de :

    Chez le cheval   32 à 40
      —   l'ane et le mulet   45 à 50
      —   le boeuf   35 à 40
      —   le mouton et la chèvre 70 à 80
    chez le porc   70 à 80
      —   le chien   90 à 100

Chez le cheval, la constatation du pouls peut se faire aux artères Glosso-Faciales ; latérales du Boulet et Coccygiennes. Le lieu d'élection est l'artère Glosso-Faciale. Pour l'explorer, on pose la main gauche sur le chanfrein, le pouce de la main droite cherche un appui à la partie inférieure de la joue, tandis que l'index et le médius appuient sur l'artère placée dans la scissure comprise entre la partie droite et la partie courbe de l'os de la mâchoire.

Chez les bêtes bovines, l'exploration du pouls se fait aux artères Coccygiennes inférieures, l'artère Glosso-Faciale étant très petite et difficile à trouver.

Chez les petits animaux le pouls se rencontre plus aisément à l'artère radiale, à la face interne du membre antérieur, dans un petit sillon situé au-dessus du genou.

On doit inspirer confiance à l'animal en l'approchant sans l'effrayer et laisser passer les premières pulsations, qui sont surtout émotives, sans en tenir compte. Quand l'animal sera parfaitement tranquille on pourra seulement juger de leur valeur. L'observation du pouls est une affaire d'habitude et, pour apprendre à bien le juger, il faut faire des explorations fréquentes sur un animal en bonne santé.

DE LA SAIGNÉE

La saignée est une opération qui consiste à ouvrir une veine pour en extraire une quantité variable de sang.

Dans un certain nombre de maladies inflammatoires il est souvent nécessaire de pratiquer une saignée sans différer.

On peut saigner toutes les veines superficielles; par exemple, aux veines de l'Ars, de l'Avant-Bras, de la face interne de la cuisse etc... Mais les connaissances exactes sur la circulation ont prouvé qu'il était toujours préférable de choisir un gros vaisseau très accessible, aujourdhui on saigne presque toujours à la veine jugulaire.

Quand la saignée n'est pas d'une urgence immédiate, il est préférable de pratiquer cette intervention sur l'animal à jeun et, par conséquent, opérer le matin ou après une diète de 4 ou 5 heures.

On tire généralement 3 à 4 litres de sang chez le cheval et chez la vache et 4 à 5 litres chez le boeuf.

La saignée est indiquée dans les cas de pléthore très accusée dans les congestions du cerveau et des organes vasculaires (poumons, foie), dans la fourbure.

Ces affections sont toujours accompagnées par l'abattement. la rougeur des muqueuses, la chaleur de la peau, le pouls est plein, tendu et rapide.

La saignée est contre indiquée dans la gourme, l'anémie, la pléthore séreuse, l'hydropisie, l'hydrohémie et les maladies éruptives.

Mode Opératoire — Avant de saigner, on prépare :

1° Une longueur de fil très résistant que l'on immerge dans de la solution phéniquée ou iodée.

2° Une épingle flambée.

3• Un vase pour mesurer la quantité de sang extrait. Il convient de jauger ce récipient, à l'aide d'un litre on versera dans ce vase la quantité d'eau devant correspondre au volume de sang à extraire, au point d'affleurement du liquide on tracera un trait bien visible, on enlèvera l'eau du récipient et l'on devra arrêter l'écoulement sanguin quand le niveau du sang atteindra ce repère.

L'instrument qui sert à saigner s'appelle flamme ou lancette.

Un aide se place en face de l'animal, lui tenant la tête un peu relevée et inclinée vers le côté droit si on saigne à gauche. Afin de ne pas effrayer l'animal on couvre avec la main ou l'avant-bras l'oeil correspondant au côté de la veine à ouvrir.

Si le poil qui recouvre la région est trop abondant on le coupe et on mouille la place afin de rendre la veine plus apparente.

On applique les deux derniers doigts de la main gauche sur
le trajet du vaisseau en comprimant pour le faire gonfler ;
saisissant ensuite la flamme entre le pouce et l'index de la même
main, on la maintient au-dessus de la veine, dans une direction
parallèle à sa longueur et sur son milieu, la pointe de l'instrument étant à **deux millimètres** environ au-dessus de la peau,
avec un petit bâton on frappe un petit coup sec sur le dos de
la Flamme et le sang s'écoule.

Si l'opération doit être pratiquée sur une bête bovine, il est
utile de lui passer une corde à la base du cou et de la serrer
pour que la veine devienne plus saillante.

Lorsque la quantité de sang est obtenue il faut arrêter
l'hémorragie. Pour cela on perce transversalement les lèvres
de la plaie avec l'épingle, en ayant soin de ne pas piquer le
vaisseau ; sur cette épingle on applique le noeud **en huit** au
moyen du fil préparé et on lave la région avec la solution
Phéniquée ou Iodée **froide**. Enfin on attache l'animal de façon à ce qu'il ne puisse se frotter pour prévenir l'hémorragie
qui pourrait en résulter.

La petite plaie sera surveillée avec soin, lotionnée matin et
soir avec la solution Phéniquée ou Iodée et saupoudrée
ensuite avec **la poudre Tonique** pour hâter sa cicatrisation.

Accidents Consécutifs — La saignée peut donner suite
aux divers accidents suivants :

1• **L'introduction de l'air dans la veine** qui fait entendre
un bruit de gargouillement se reproduisant avec chaque pul-
sation. La pénétration d'une petite quantité d'air dans la veine
n'incommode pas l'animal, mais si le gaz intravasé est trop
abondant, il devient agité, tombe en syncope, au cours de
laquelle la mort peut survenir.

2• **La blessure de la Carotide** qui se reconnait à la couleur
rutilante du sang qui jaillit par saccades ; pour s'en rendre
maître il faut pratiquer la compression extérieure, à l'aide d'un
tampon maintenu en place par un bandage suffisamment serré.

3° **L'Hémorragie** que l'on doit prévenir en limitant les
mouvements de l'animal et que l'on combat en plaçant une
nouvelle épingle et une nouvelle ligature.

4• **Le Thrombus** ou tumeur sanguine (voir ce mot)

5• **La Phlébite** ou inflammation de la veine (voir ce mot)

DU SÉTON

Le séton est un corps étranger simple ou chargé d'une substance irritante que l'on introduit sous la peau pour y déterminer une irritation et entretenir un exutoire. Il y en a trois sortes.

1· **Le Séton à Rouelle** constitué par un petit disque de cuir que l'on introduit sous la peau par une seule incision.

2· **Le Trochisque,** pâte faiblement caustique que l'on fait pénétrer sous la peau également par une incision.

3· **Le Séton à Mèche** le plus couramment employé aujourd'hui qui seul retiendra notre attention.

Toutes les parties du corps peuvent recevoir des sétons, mais leurs lieu d'élection principaux sont : le poitrail, le thorax, les joues, l'encolure, l'épaule, la cuisse, la fesse, le grasset, la croupe.

Les sétons sont surtout employés comme dérivatifs pour combattre les affections catharrales les plus invétérées ; les maladies de la peau, des yeux, les engorgements chroniques.

Mode Opératoire — Le séton à mèche se place de la façon suivante : on fait à la peau un pli dont on incise la base avec un bistouri, puis par cette incision on introduit une aiguille longue dont la pointe tranchante est élargie et légèrement recourbée, l'aiguille est tenue et poussée de la main droite, tandis que la main gauche soulèvera successivement la peau, préparant ainsi le trajet. Quand l'instrument a pénétré à la longueur désirée, la main gauche de l'opérateur fait le contre appui avec le bistouri et l'aiguille sort de la peau, prête à recevoir la mèche généralement constitué par une bandelette de toile ou une chevillière de 0^{m}80 environ le plus souvent enduite de savon noir et dans certain cas **de Révulsif Universel.** La mèche est introduite dans l'ouverture ménagée au côté tranchant de l'aiguille, celle-ci est retirée et l'on fait un noeud aux deux extrémités du ruban. Vers le troisième ou quatrième jour la suppuration s'établit. A ce moment on passe le doigt en pressant légèrement sur le trajet pour balayer et faire écouler le pus qui s'y trouve collecté ; on nettoie les deux ouvertures et leurs environs avec la solution Phéniquée ou Iodée. Ces soins seront donnés une ou deux fois par jour suivant l'abondance de l'écoulement. On laisse ordinairement la mèche en place pendant un mois, pour l'enlever il suffit de couper un des noeuds et de retirer la bande.

Après l'extraction de la mèche il convient de continuer les pansements pendant quelques jours, pour prévenir la formation d'abcès ; jusqu'a ce que la suppuration soit tarie. Il est indiqué de presser le trajet et de nettoyer les deux ouvertures en les lavant avec une solution antiseptique Iodée, Phéniquée ou à l'eau Oxygénée dédoublée.

On doit veiller à ce que l'animal ne s'arrache pas le séton, il faut l'attacher au ratelier ou lui passer le collier à chapelet.

Accidents consécutifs — La pose du séton peut être suivie de divers accidents qui sont :

1· **L'Hémorragie.** Dans ce cas enlever la mèche et fermer les plaies par une suture.

2· **Les Abcès.** Ceux-ci seronts ouverts au fur et à mesure de leur formation.

3· **L'Engorgement gangreneux.** Qui sera décélé par la mauvaise odeur répandue par le trajet dans lequel on injectera à l'aide d'une canule et du bock de la **solution phéniquée ou iodée.** On peut aussi appliquer des pointes de feu pénétrantes dans l'engorgement.

4º **Les Bourgeons charnus.** Qui, tendant à obturer les ouvertures, seront maintenus par cautérisation au crayon de **nitrate d'argent** et au fer rouge.

DE L'ABCÈS DE FIXATION

Cette opération qui tend de plus en plus à remplacer aujourd'hui le Séton ; consiste à injecter sous la peau du poitrail, au moyen d'une seringue de Pravaz, 8 à 10 centimèt. cubes d'essence Térébenthine. Cette injection Hypodermique produit au bout de cinq jours un abcès énorme.

La quantité de pus donnée par cette intervention est aussi grande au bout de cinq jours que celle que produirait un Séton restant en place pendant quatre semaines.

L'abcès de fixation a les mêmes indications que celles du Séton et s'emploi chaque fois qu'il est nécessaire de déplacer une humeur.

Traiter la plaie résultant de cette opération de la même manière que pour le Séton.

Accidents consécutifs. Si la plaie est soignée convenablement, les accidents sont d'une extrême rareté et en vertu du pouvoir antiseptique de l'essence térébenthine ; l'infection causée par des pansements malpropres peut seule les provoquer. Dans ce cas il faudrait instituer le traitement des abcès chauds. (Injections de solutions antiseptiques).

DURÉE DE LA GESTATION

La durée de la gestation pour les différents animaux est de :

Chez la Jument	11 mois soit 340 jours.	
— l'Anesse	12 mois.	
— la Vache	9 mois et au delà, quelquefois 300, 310 et 315 jours
— la Brebis	5 mois.	
— la Chèvre	5 mois.	
— la Truie	4 mois.	
— la Chienne	60 à 65 jours.	
— la Lapine	30 jours.	

ACCOUCHEMENT LABORIEUX

C'est l'accouchement difficile et souvent impossible si la femelle était abandonnée à ses propres efforts sans l'intervention de l'homme.

La parturition laborieuse est un phénomène accidentel et les circonstances qui en sont la cause peuvent provenir d'un obstacle dépendant de la mère ou du foetus lui-même.

Quand une femelle se trouve dans l'impossibilité de rejeter son produit ; il faut rechercher d'abord par le toucher quelle est la cause qui s'oppose à l'achèvement de la mise-bas.

Chez la mère, cette incapacité peut être la résultante de tumeurs osseuses développées sur le bassin et rétrécissant celui-ci, de polypes ou de kystes ; mais généralement c'est la présentation du foetus qui est défectueuse.

L'opérateur devra avoir le Thorax nu pour introduire le bras le plus profondément possible et pour que les liquides s'écoulant des organes génitaux ne souillent pas ses vêtements. Pour éviter toute érosion des parois, les ongles seront coupés

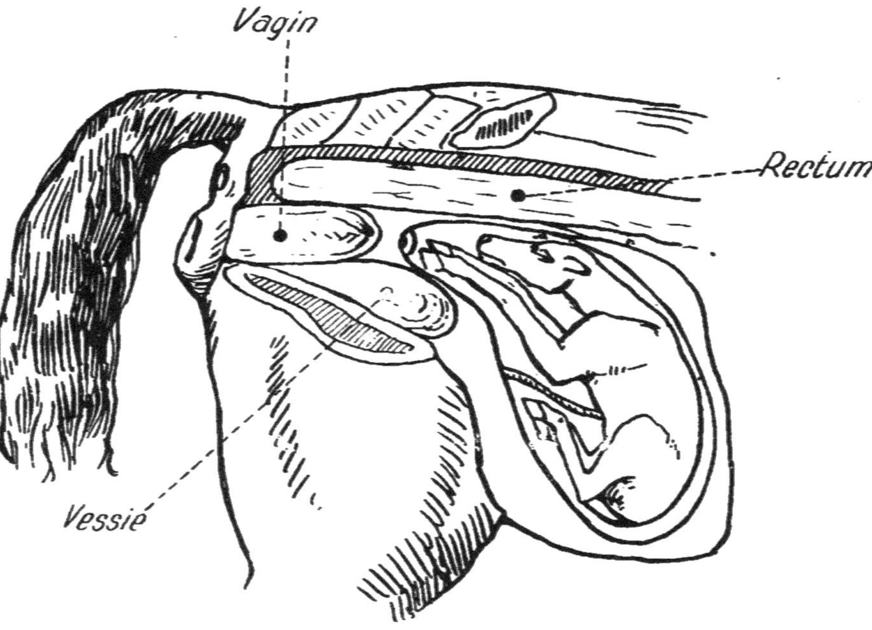

PRÉSENTATION NORMALE DU FŒTUS
AU MOMENT DE LA MISE- AS

très court et le bras explorateur passé au préalable à la solution Iodée, sera enduit d'huile ou mieux de Vaseline pour faciliter son introduction.

Présentation. Le petit animal en naissant doit se présenter dans le bassin de la Mère, les pieds antérieurs en avant et le menton appuyé sur les genoux. Parfois cette présentation naturelle et normale, varie.

Une jambe peut être repliée en arrière ou bien les deux présentent cette position. Quelquefois la tête seule se présente. Les deux jambes se présentent bien et c'est la tête qui est encapuchonnée sur le poitrail ou renversée sur l'épaule. Les quatre pattes se présentent ensemble. Le siège peut aussi se montrer vers l'orifice utérin, etc. . .

Manœuvres. En règle générale il faudra donc pour toutes les présentations vicieuses, ramener les deux membres antérieurs et la tête à leur position naturelle et normale. Refouler le corps du petit à l'intérieur pour redresser soit les membres, soit la tête et surtout ne pas tirer sur un membre antérieur et postérieur en même temps, car jamais on ne fera passer dans le bassin de la Mère, le petit animal en travers.

Pour maintenir les membres antérieurs et la tête en bonne position et pour éviter que, pendant les manoeuvres, ils ne s'échappent et prennent une fausse situation, il sera prudent d'y fixer des lacs en corde souples vaselinés, par un noeud coulant, en laissant pendre ces liens en dehors de la vulve. A la tête, le lien sera fixé à la mâchoire inférieure et, pour les membres antérieurs, au paturon.

Pour la présentation par le train postérieur, on refoulera toujours le foetus à l'intérieur, pour pouvoir prendre et redresser pour les porter ensuite en arrière, les membres postérieurs qui sont repliés sous le ventre.

La traction sera opérée vers les jarrets de la Mère, pour faciliter au foetus, le passage sous la voûte du bassin.

Au moment de la mise-bas le col de la matrice peut être insuffisamment dilaté ou rétréci à tel point que l'introduction d'un doigt de la main ne peut se faire qu'avec difficulté. Dans ce cas on devra à tout prix produire la dilatation qui se fera à l'aide d'instruments appropriés, tels que baguettes, cônes progressifs, ou une pince dilatatrice spéciale à mors allongés.

Extraction du Placenta. La matrice renferme un certain nombre de petites tumeurs, grosses comme une petite pomme hérissées de petites pointes et que l'on nomme cotylédons. Ces cotylédons sont coiffés par le placenta.

Dans les circonstances normales, la période d'expulsion placentaire se manifeste dans les premières heures qui suivent l'accouchement, mais quelquefois, l'engrènement du placenta sur les cotylédons est intime et le rejet tarde à s'effectuer.

Si quarante huit heures après la mise bas le placenta n'est pas rejeté, on doit avec la main le décoller de la matrice et l'extraire.

Pour cela, on introduit le bras droit aseptisé et bien vaseliné ou huilé, dans le vagin où se trouve une partie du placenta que l'on attire au dehors et que l'on prend ensuite avec la main gauche.

La main droite se servant comme point de repère et de direction, de cette partie, va à la rencontre des adhérences qui résistent à la traction, c'est-à-dire des cotylédons qui sont encore recouverts et on les décoiffe en les prenant entre le pouce et l'index en ayant bien soin de ne pas les arracher.

Le bras étant trop court pour décoiffer les cotylédons qui se trouvent au fond de la matrice, si l'on rencontre trop d'adhérences, il vaut mieux attendre et ne pas insister. Des tractions trop fortes pourraient occasionner une rupture du placenta, et les lambeaux qui resteraient attachés à la paroi utérine pourraient déterminer des accidents inflammatoires qui compromettraient la vie de l'animal.

Dans ce cas pour les grands animaux on fera prendre à la malade pendant cinq jours de suite, le matin à jeun un litre de tisane tiède ainsi composée :

Feuilles d'Absinthe sèches : une poignée
Jeunes pousses de buis   id.
Chènevis en grains   id.
Sel   id.
Une tête d'ail
5 litres de Vin blanc

Faire bouillir une minute dans une marmite couverte et après refroidissement passer sur un linge fin.

On donnera une alimentation tonique (Bon foin, Avoine et thé de foin.)

Certains stimulants, comme le café, la cannelle pourront être donnés avec avantage, matin et soir en infusion à la dose de 20 grammes de chaque dans 500 grammes d'eau.

Contre l'inertie utérine plusieurs auteurs ont préconisé l'emploi du sucre, qu'il faudrait administrer par doses de 100 grammes en une seule fois en solution concentrée dans de l'eau et répéter cette dose jusqu'à effet.

Souvent les enveloppes sont rejetées en bloc complet, dans d'autres circonstances, elles ne se détachent que par lambeaux. Dès qu'on aperçoit des lambeaux qui pendent en dehors de la Vulve, il convient d'exercer sur eux une traction modérée, jusqu'à ce qu'on éprouve une certaine résistance, il faut alors cesser pour recommencer le lendemain.

Quand une partie du délivre reste dans l'intérieur de la matrice, il s'y putréfie et peut causer la mort de l'animal par infection.

Un traitement rationnel doit être institué ; il faut désinfecter l'utérus et chasser au dehors les matières en décomposition par des injections antiseptiques. Pour pratiquer les injections, on se servira d'un tube en caoutchouc de 0 m. 30 à 0 m. 40 de long qui sera introduit dans la matrice. On injectera 4 ou 5 litres de l'une des solutions suivantes tièdes :

	Iode	1 Gramme
1°	Iodure de Potassium	2 Grammes
	Eau	1000 Cent. Cubes

2°	Permanganate de Potasse 0 Gr. 50 Centigram.
	Eau . . . . 1000 Cent. Cubes

Dans le cas d'avortement (Voir ce mot) l'extraction du placenta devra se faire peu de temps après la mise-bas, le col de la matrice se resserrant très vite, deux jours après il ne serait plus possible d'y passer la main.

Accidents Consécutifs

Renversement du Vagin. Le renversement du vagin peut se produire pendant la vacuité de la matrice comme pendant la gestation. On le voit survenir à une certaine époque de la gestation lorsque l'animal se couche.

Le vagin apparait sous la forme d'une tumeur cylindroïde d'une couleur rouge vif, dont l'extrémité libre présente à son centre une ouverture rayonnée rappelant l'aspect d'une fleur épanouie. Plus tard par suite d'une gêne de la circulation de retour le sang stagnant lui donne une coloration brune et violacée.

Si le volume du vagin est énorme et qu'il ne rentre pas de lui-même en faisant lever l'animal, on l'arrose d'huile et avec les deux mains à plat, on le pousse vers l'intérieur, après avoir rehaussé l'arrière-train de l'animal et en lui pinçant les reins pour produire une flexion de la colonne vertébrale.

Si après la rentrée du vagin l'animal fait des efforts expulsifs on est obligé de faire l'opération du bouclage (Voir à renversement de la matrice).

Chez la vache ont peut appliquer un bandage fait avec des cordes. Pour exécuter ce bandage on prend une corde ayant la longueur d'une paire de guides; on place le milieu de cette corde autour du cou, on ramène les deux chefs sur celui-ci et on fait un noeud simple. On fait un noeud pareil au niveau des reins, un autre au-dessus de la queue, puis un second noeud droit au-dessus de la vulve. On passe ensuite les deux chefs, un entre chaque cuisse et la mamelle, on les ramène tous les deux sur les reins et on les fixe à la corde de dessus par deux boucles, l'une avant l'autre en arrière du noeud qui repose sur les reins.

S'il reste assez de corde, on attache ses deux extrémités de chaque côté de l'encolure à l'anse du cou. Tenir pendant quelques jours l'arrière-train très élevé.

Cet appareil doit être laissé en place pendant 4 jours. Si l'animal ainsi traité se jette violemment à terre ne pas s'en inquiéter. Il s'habitue assez vite à cet appareil qu'il trouve gênant.

Des efforts peuvent réapparaître; pour les calmer donner 5 à 6 lavements par jour de un litre chacun avec, pour les grands animaux:

| Camphre | . . . . | 8 Grammes |
| Infusion de Tilleul et de Racine de Valériane | | 1 litre |

Renversement de la Matrice. Au moment ou l'animal fait des efforts pour expulser le délivre, la matrice peut se retourner sur elle-même et faire hernie au dehors. Cet accident est favorisé si l'animal a l'arrière-train en contre-bas à ce moment là.

Chez la vache on reconnaît la matrice à la présence des cotylédons sur la partie charnue sortie par la vulve. Cette partie peut atteindre quatre-vingt centimètres de longueur et descend jusqu'au jarret. Avant d'essayer de remettre en place cette masse charnue on doit la débarrasser de tous les débris placentaires et des corps étrangers qui la salissent. A cet effet, on pratique un lavage abondant en arrosant l'organe avec de l'eau tiède légèrement phéniquée. L'opération sera facilitée si l'animal est debout et si son arrière-train est aussi élevé que possible.

Mode Opératoire. Toute la surface de la matrice est enduite d'huile d'olive pour faciliter son glissement.

Deux aides l'un à droite, l'autre à gauche de l'opérateur soulèvent la matrice au moyen d'une toile enroulée sur deux bâtons, et la maintiennent horizontalement en face de la vulve. L'opérateur commence alors la réduction par les parties avoisinant la vulve et non par le fond de l'organe. Avec les mains à plat il refoule peu à peu la matrice vers l'intérieur en prenant des précautions pour ne pas perforer ni arracher les cotylédons qui s'opposent au glissement des mains et aident beaucoup cette opération. Ne jamais oublier de faire rentrer la partie inférieure de la matrice, en passant de temps en temps les mains au-dessous, car s'y on n'y prend garde cette partie reste en arrière. Enfin quand le fond de l'organe est arrivé au niveau de la vulve, avec le poing fermé on le pousse à l'intérieur aussi loin que possible, de toute la longueur du bras, pour que la matrice reprenne bien sa place normale. On applique le bandage en corde ou un pessaire spécial ou on pratique le bouclage comme il suit:

On prend trois broches de fil de fer de deux millimètres de diamètre et de 15 à 20 centimètres de longueur. Ces broches devant percer la peau sont très affilées à un bout, tandis que de l'autre elles sont fermées par un anneau. Elles doivent être placées en travers de la vulve à 5 centimètres l'une de l'autre et maintenues en traversant un repli de la peau à droite et à gauche aussi près que possible des lèvres de la vulve, puis à l'aide d'une pince aussitôt qu'une broche est placée on retourne en anneau l'extrémité qui a servi à perforer.

Chez la truie pour réussir la réduction du renversement de la matrice, on doit suspendre l'animal par les jambes, la tête en bas, à une poutre ou une branche d'arbre.

DE LA TRACHÉOTOMIE

La trachéotomie est une opération nécessaire quand les animaux sont menacés d'asphyxie dans les cas : d'angine, abcès gourmeux profonds, obstruction des fosses nasales par l'anasarque, par la fracture des os du nez, etc. etc...

Mode Opératoire. L'opérateur se plaçant en avant du poitrail, à droite ; tend avec le pouce et l'index de la main gauche, la peau qui recouvre la trachée au milieu du bord inférieur de l'encolure, et incise la peau longitudinalement sur une longueur de 5 à 6 centimètres ; il voit la trachée immédiatement au-dessous.

Si le temps presse, il plonge un bistouri droit, ou un canif bien aiguisé dans la trachée et fait une incision de 3 ou 4 centimètres de haut en bas.

Si le danger d'asphyxie n'est pas immédiat on dissèque deux petits muscles qui se trouvent à droite et à gauche de l'incision pour mieux découvrir la trachée, puis on prend un crochet bien pointu de la grosseur de 3 millimètres environ on le plante dans un cerceau de la trachée et en faisant le tour du crochet on enlève avec le bistouri ou le canif une petite rondelle de la dimension d'une pièce de un franc. Cette ouverture pratiquée servira à l'introduction d'une canule spéciale recourbée, appelée tube à trachéotomie que l'on trouve chez les fabricants d'instruments de chirurgie dans les villes importantes.

Après la guérison de la maladie, la plaie sera traitée comme une plaie ordinaire.

CHAPITRE II

MALADIES

ABCÈS

DÉPOT - APOSTÈME - PHLEGMON

Grosseur plus ou moins chaude, molle et douloureuse se terminant par la formation d'une poche dans laquelle se trouve une humeur caractérisée appelée pus.

L'abcès est produit par des contusions par de fortes pressions des harnais; ou bien il est la terminaison de certaines inflammations infectieuses, telles que mal de gorge, gourme etc... Il s'en suit que les globules blancs du sang; chargés de lutter pour la défense de l'organisme contre les espèces pathogènes, sont transformés par elles en globules de pus.

On distingue deux sortes d'abcès.

1° L'abcès chaud ou aigu

2° L'abcès froid ou chronique

1° **Abcès chaud ou aigu.** Comme le nom l'indique cet abcès est toujours chaud et douloureux. S'il siège sur un membre la douleur est lancinante surtout au commencement.

Il est entouré d'un cordon dur. — Dans la partie basse se montre une enflure molle qui tend à descendre, à laquelle il faut généralement attacher peu d'importance. Plus tard l'abcès se ramollit au milieu ; le pus est alors formé.

Traitement. — Au début, il faut faire mûrir l'abcès et calmer la douleur. — Pour cela il suffit d'appliquer des cataplasmes chauds de mauve, de farine de lin ou de morelle (Plante que l'on trouve partout) — Si la partie empêche de mettre ces cataplasmes, on fait matin et soir de légères frictions d'huile d'olive tiède. — Quand l'abcès est ramolli au milieu, ce que l'on reconnaît par la pression du doigt, il faut l'ouvrir avec le bistouri, ou à défaut avec un canif à lame pointue, ou mieux avec une pointe de fer rougie au feu à blanc, procédé qui risque moins de blesser les gros vaisseaux et arrête l'hémorragie capillaire sur tout son trajet.

— C'est à la partie inférieure de l'abcès que doit être faite l'ouverture. — Si l'abcès est placé près d'une articulation ou au voisinage d'une veine ou d'une artère importante il faut se contenter d'aller au devant du pus en incisant seulement la peau, puis avec le doigt indicateur on cherche à pénétrer dans l'abcès. — Le pus s'étant écoulé on introduit dans l'ouverture une mèche de gaze hydrophile. — On lave l'abcès chaque jour avec la solution phéniquée en le comprimant légèrement. — Si la suppuration tardait trop à tarir il serait nécessaire de faire chaque jour dans la cavité des injections avec la solution Iodée ou Phéniquée. (Voir les formules à la dernière page, appendice). Si, malgré ce traitement, la suppuration persistait, on en trouverait la cause dans la présence d'un corps étranger, d'une nécrose de partie fibreuse ou osseuse.

2° **Abcès froid ou Chronique.** Plus fréquent chez le boeuf que chez les autres animaux, cet abcès n'est pas ou peu chaud et douloureux. — Ses parois sont épaisses. — La suppuration est profonde et s'établit difficilement.

Traitement. — Dans ce cas il faut frictionner la grosseur avec le **Révulsif Universel** afin d'activer la suppuration. — Deux frictions révulsives de cinq minutes chacune et à douze heures d'intervalle l'une de l'autre, suffisent pour amener ce résultat. — On ouvre ensuite l'abcès avec une pointe de fer chauffée à blanc afin de modifier la vie de la partie malade et obtenir un pus de bonne nature (blanc et épais).

— Lorsque le pus d'un abcès est liquide et grisâtre, il faut injecter dans la poche avec une petite seringue un peu de **Révulsif Universel** pour transformer l'abcès froid en abcès chaud.

— Lorsqu'une enflure se montre d'un ou des deux côtés de la gorge et s'étend de la base de l'oreille à la mâchoire

(Dans quel cas l'animal tend le cou, bave et mange difficilement) il faut faire avorter l'abcès en frictionnant la partie
enflée avec le **Révulsif Universel**. — Deux frictions de cinq
minutes et à douze heures d'intervalle sont nécessaires.—
Les abcès dans cette partie sont d'une extrême gravité, il vaut
mieux les prévenir que d'avoir à les traiter.

ACHORES
ULCÈRES DES POULAINS

Petites plaies superficielles qui se montrent en grand nombre sur la peau de la tête des poulains à leur sortie du pâturage.

— Cette maladie est ordinairement sans gravité.

Traitement. - Soins de propreté. — Saupoudrer deux
fois par jour les ulcères avec la **Poudre Tonique,** ou bien
à l'aide d'un tampon de coton hydrophile, les lotionner légèrement avec le **Résolutif Météorifuge.**

ACROBUSTITE
BALANITE - PHIMOSIS
GONNORRHÉE - BLENNORRHÉE

Inflammation du fourreau ou prépuce et quelquefois de
la verge. Le chien y est plus sujet que les autres animaux.

La malpropreté des étables, l'introduction de corps irritants
dans le fourreau ou bien l'amas de matières sébacées ou
cambuis et l'effet irritant des urines, produisent cette maladie.

Au début le fourreau est enflé, chaud, douloureux et rouge.
— Plus tard, un écoulement de pus a lieu par l'ouverture
du fourreau. — Chez le chien, cet écoulement de pus blanc,
quelquefois jaune ou verdâtre, est constant et fait souvent
croire à tort, à une Gonnorrhée ou Blénnorrhée.

Traitement. — Soins de propreté ; lotions d'eau de savon, irrigation avec la solution Phéniquée après avoir débar-
rassé avec la main le fourreau du cambuis qu'il peut contenir.

— Pour combattre l'enflure (**Phimosis**) on la lotionne avec une décoction froide de **Poudre Tonique** (Voir à l'appendice le mot décoction). On peut aussi employer les bains de rivière et on ajoute chaque jour à la boisson de l'animal du sel de nitre.

— Si malgré ce traitement, l'enflure du fourreau persiste, on fait avec un instrument tranchant (canif ou lancette) de nombreuses mouchetures dans l'enflure elle même afin de produire un écoulement de sang abondant. — Chez le chien, lorsqu'il y a écoulement de pus par le fourreau, il faut faire des injections avec une décoction froide de **Poudre Tonique** et le purger deux fois pendant le traitement avec l'huile de ricin.

AGGRAVÉE

ENGRAVÉE - CREVASSES AUX PIEDS
PIEDS ÉCHAUFFÉS - FOURBURE DU CHIEN

Inflammation de l'extrémité de la patte du chien, du boeuf du mouton et du porc, produite par la marche prolongée sur un terrain dur, sec et caillouteux.

Le chien atteint de cette maladie, souffre souvent au point de ne pouvoir plus marcher. — Sa patte est chaude et douloureuse, s'enfle et quelquefois se crevasse. — Chez les autres animaux, même douleur et difficulté de se mouvoir. — Le décollement de la sole, avec formation de pus, se produit souvent chez le boeuf.

Traitement. — Quant l'Aggravée est légère, le repos; une nourriture rafraîchissante et quelques bains froids suffisent pour la dissiper. — Mais lorsque l'inflammation est entièrement déclarée, il faut mettre l'animal à la diète, appliquer sur les pattes des cataplasmes astringents faits avec de la suie et du vinaigre auxquels on ajoute une cuillerée à soupe de **Poudre Tonique.**

Si la sole du boeuf, du mouton ou du porc est décollée, il faut enlever avec un instrument tranchant la partie de la corne détachée afin de donner issue au pus. — On panse ensuite la plaie avec l'**Onguent Détersif** et on enveloppe l'ongle avec du linge.

ALBUGO
TAIE - NUAGE

On appelle ainsi des taches qui occupent la surface de l'oeil. — Elles sont occasionnées par des blessures ou sont la suite d'autres maladies, telles que inflammations, ulcères, etc.

La Taie ou Nuage n'est pas autre chose que l'Albugo à un moindre degré. On voit un nuage blanc ou légèrement bleu occuper tantôt le milieu de l'oeil, tantôt le pourtour. — Dans ce dernier cas, la tache ne gêne en rien la vue. — Il en est autrement dans l'autre cas ; la vue étant gênée, l'animal devient ombrageux. — L'Albugo est souvent tenace et peut durer longtemps.

Traitement. — Le moyen qui nous a le mieux réussi consiste à faire tous les jours une insufflation de **Poudre Tonique** : On introduit une pincée de cette poudre dans l'extrémité d'un chalumeau de paille et on l'insuffle sur la tache — Dans l'intervalle des insufflations on lotionne souvent l'oeil avec de l'eau fraîche.

AMAUROSE
GOUTTE SEREINE

Paralysie du nerf optique, produisant la diminution ou la perte de la vue, sans trouble de l'oeil.

L'Amaurose est le résultat de coups sur la tête, de chutes violentes. — D'une lumière trop vive, d'hémorragies ou de saignées trop abondantes. — Quelquefois elle accompagne une autre maladie.

Traitement. — Lorsque l'Amaurose résulte d'une indigestion vertigineuse, d'une plaie ou accompagne une autre maladie, elle guérit d'elle-même. — Dans tous les autres cas elle est incurable.

ANASARQUE
HYDROPISIE

L'Anasarque est une hydropisie générale qui se produit

sous la peau. — Exemple : l'enflure des quatre membres —
de tout le dessous du ventre.

C'est un symptôme de la Cachexie ou pourriture du mouton. Ses principales causes sont : — le froid humide —
les étables ou bergeries basses, humides, manquant d'air et
de lumière. — L'excès de travail et une mauvaise nourriture
— L'immersion dans l'eau froide lorsque l'animal est en sueur
— Elle est souvent de nature microbienne et, sans être bien
connue, la voie d'introduction de l'élément infectieux est
probablement par les fosses nasales.

L'Anasarque débute par l'apparition de taches rouges de
diverses dimensions sur les muqueuses et en particulier sur
les muqueuses nasales. — Il y a du jetage et l'air expiré a
une odeur fade et fétide.

La chair des animaux atteints de cette maladie paraît bouffée ; Elle est molle, flasque et décolorée — Sous la peau,
dans les parties basses surtout, se forment des enflures dans
lesquelles la pression du doigt laisse son empreinte — L'œil
devient pâle ainsi que l'intérieur de la bouche — Le moindre
exercice essouffle les animaux. — L'Anasarque est toujours
une maladie grave. — Sa terminaison favorable est annoncée par une émission d'urine abondante, de la diarrhée et
des sueurs, l'abaissement de la température, la diminution
de l'enflure.

Traitement. — Isolement du malade en liberté dans un
local propre et bien aéré. — Avoine et orge cuite. — Aliments de bonne qualité ; foin de prairies hautes — sel marin tous les jours en barbottage additionnés de sulfate de
soude et bircarbonate de soude. — Chaque jour faire
prendre 4 litres d'infusion de café avec 100 grammes d'acétate d'amoniaque — promenade — couverture et bon pansage — boissons peu abondantes et légèrement nitrées. —
Frictions tous les deux jours sur les parties enflées avec le
Résolutif Météorifuge — Si les animaux sont faibles ou
affaiblis, leur faire boire des infusions aromatiques, du vin
tiède auquel on ajoute une cuillerée à soupe de **Poudre
Tonique**. — Essayer les injections de sérum antistreptococcique ; tous les jours faire à vingt-cinq centimètres les unes
des autres trois injections de 10 centimètres cubes chacune.
— S'il y a tendance à l'asphyxie introduire dans les naseaux
des tubes métalliques et si nécessité pratiquer la trachéotomie sans retard. — Voir Généralités. — On remet ensuite
peu à peu au travail.

ANÉMIE - HYDROHÉMIE
APPAUVRISSEMENT DU SANG

Dans cette maladie, le sang est pauvre en globules rouges peu abondant et possède beaucoup d'eau.

Les hémorragies, — les suppurations abondantes et long-temps continuées, — les diarrhées anciennes, la privation de nourriture ou des aliments de mauvaise qualité — un air vicié — les écuries humides et malsaines — l'excès de travail en sont les causes les plus ordinaires.

Dans l'anémie toutes les fonctions sont languissantes — l'animal se meut difficilement, maigrit et manque de force ; — le moindre travail le fatigue et le fait transpirer — Il est très sensible au froid — Les animaux de l'espèce bovine sont lé-gèrement météorisés - L'oeil et l'intérieur de la bouche sont pâles — Il se forme des épanchements (oedêmes) dans les par-ties basses du corps - les urines sont claires - La maladie pro-duit aussi des troubles nerveux — des palpitations de coeur — de l'essoufflement.

Traitement. — Nourriture très riche et de facile digestion — Très bon fourrage, avoine et orge cuites, thé de foin, farine d'orge. — Café à petites doses — Viande crue ou cuite pour les carnivores — Ecuries propres et aérées — Exercice léger — Sel de cuisine pour les grands animaux — Donner matin et soir, dans du son frisé, une cuillerée à soupe de **Poudre Tonique** à laquelle on ajoutera 5 grammes de Carbonate de fer et une cuillerée à soupe de poudre de gentiane.

Le carbonate de fer peut être remplacé par 5 grammes de sulfate de fer ou par de l'eau rouillée donnée en boissons — Diminuer proportionnellement les doses pour les petits ani-maux. — Vin étendu d'eau, un litre par jour en deux fois — Boissons légèrement nitrées.

ANGINE
MAL DE GORGE - ESQUINANCIE
ÉTRANGUILLON

Inflammation de la gorge (de la muqueuse de l'arrière bouche et du larynx). L'angine atteint tous les animaux, mais plus fréquemment le cheval que le boeuf ou le mouton.

Elle accompagne presque toujours la gourme — Les brusques refroidissements, les arrêts de la transpiration, les courants d'air froids ou humides — les fourrages âcres et les poussières irritantes, sont les causes de l'angine qui est une maladie d'origine microbienne. — Elle s'annonce par un peu de tristesse. — La gorge est chaude et douloureuse, quelquefois enflée, — Chez le boeuf, l'enflure envahit souvent toute la tête.

La bouche et l'intérieur du nez sont rouges; de leur ouverture s'écoulent des mucosités filantes. — L'animal cherche à manger et n'avale que difficilement, même les liquides qu'il rend parfois par le nez. — Grande sensibilité au-dessous des oreilles derrière la machoire, la pression exercée sur cette région fait tousser l'animal. — La toux accompagne souvent ces symptômes.

Traitement. — Repos dans une écurie propre et chaude — Faire plusieurs fois par jour, sur la gorge, des frictions d'huile d'olive tiède. — Appliquer sur la partie malade une cravate en laine ou mieux, une peau de mouton. — Aliments plutôt liquides que solides ; Thé de foin avec addition de farineux. — Boissons chaudes miellées et tisane de figues. — Fumigation, trois fois par jour avec la vapeur d'eau, mettre dans l'eau bouillante un litre de son ; une grosse poignée de feuilles de mauve — Donner souvent dans la journée à l'aide d'une palette de bois, du miel mélangé avec la poudre de réglisse. — Combattre la fièvre. S'il y a jetage, que l'appétit soit revenu, que l'animal avale bien, faire des fumigations de goudron végétal matin et soir.

Ces moyens suffisent pour triompher de l'angine légère ; mais si la respiration est bruyante, difficile et menace d'asphyxier l'animal, il faut pratiquer de petites saignées et frictionner la gorge avec le **Révulsif Universel**. — On répète la friction six heures après la première, si l'on n'a pas obtenu d'amélioration. — Un séton animé avec le **Révulsif Universel** et placé au poitrail peut être très utile.

ANOREXIE
INAPPÉTENCE - DÉGOUT
PERTE D'APPÉTIT

Diminution ou perte d'appétit, qui est le plus souvent, le symptôme d'une maladie grave, et qui disparaît avec elle.

L'inappétence est plus fréquente chez le chien que chez les autres animaux, et souvent, chez lui précède la rage.

Traitement. — Laxatifs et amers, bonne nourriture, matin et soir, donner dans du son frisé, une cuillère à soupe de **Poudre Tonique** et une cuillerée à soupe de poudre de gentiane.

APTHES

On nomme ainsi de petites vésicules qui, en se crevant, forment des ulcères

Cette maladie se montre dans la bouche, partie interne des joues, aux gencives, sur la langue et quelquefois sur le bout du nez, sur le mufle et sur les mamelles des bêtes à cornes.

Les aphtes sont produites par la mauvaise nourriture, — par des troubles digestifs ou par des parasites infiniment petits (Mycrophites).

En ouvrant la bouche des animaux, on voit des petites élevures rouges présentant un point blanc au milieu ; bientôt ces vésicules se crèvent et forment des plaies ulcéreuses qui s'étendent au point d'occuper quelquefois une grande partie de la bouche — L'animal bave, jette du nez et mange avec beaucoup de difficultés.

Traitement. — Aliments liquides ; barbottages épais et légèrement salés. Injecter dans la bouche de la tisane de figues ou de mauves pour calmer l'inflammation. — Plus tard lorsque les ulcères sont formés, employer à l'aide d'une seringue des gargarismes d'oxymel (*voyez oxymel à la dernière page*) auxquels on ajoute une cuillerée à soupe de **Poudre Tonique.**

Aphtes chez les Oiseaux de basse-cour. Badigeonner matin et soir les ulcères avec la préparation suivante :

        Poudre Tonique . . . . Une pincée
        Borate de Soude . . . . . 2 Grammes
        Eau . . . . 30 Grammes

Faire infuser pendant dix minutes dans l'eau portée à l'ébullition et passer à travers un linge fin.

ARTHRITE

Inflammation des articulations (Jointures).

Les blessures, les plaies produites par des chutes (genoux couronnés) des coups de pieds; - l'effet intempestif de certains remèdes, la produisent. — Elle accompagne ou succède à certaines maladies, telles que : pleurésie, métrite, etc...

L'arthrite peut attaquer plusieurs jointures à la fois.

On reconnait cette maladie à la douleur excessive et à l'enflure de la jointure ; à la démangeaison qui porte l'animal à se frotter ou à se mordre la partie affectée. Quelquefois, une plaie se forme et pénètre dans l'intérieur de l'articulation (arthrite purulente) dans ce cas, la maladie est plus grave.

D'autres fois se sont des dépôts (abcès) qui occupent le pourtour de la partie enflammée.

Traitement. — Au début, empêcher l'inflammation de se produire ou d'augmenter et limiter les mouvements de la jointure (l'immobiliser). Pour cela appliquer un bandage matelassé avec des étoupes, qu'on maintient sur la partie malade en comprimant avec de la chevillière qu'on dispose en croix. — On fait ensuite, sur ce bandage, jour et nuit des irrigations continues d'eau froide vinaigrée à laquelle on ajoute deux cuillerées à soupe de **Poudre Tonique**. — Au début également donner à l'intérieur tous les jours et une fois par jour chez les grands animaux 10 grammes de salicylate de soude et 5 grammes d'iodure de potassium. — Si la partie enflammée ne présente aucune plaie, appliquer des emplâtres d'argile, de vinaigre et de **Poudre Tonique**, qu'on renouvelle pour les maintenir toujours frais. — Lorsque l'arthrite suppure il faut faciliter l'écoulement du pus en faisant de larges ouvertures — On panse ensuite avec des compresses imbibées de **Résolutif** et on comprime avec un bandage matelassé sec pour immobiliser la jointure. — Si, malgré ce traitement, la suppuration continuait et que la plaie fut de mauvaise nature il faudrait d'abord faire par jour trois pansements avec l'**Onguent Détersif** qui donne généralement un très bon résultat. Si contre toute attente ce remède échoua il faudrait faire trois frictions avec le **Révulsif Universel**, une par jour pendant trois jours.

Dans les couronnements simples du genoux, ou excoriation d'autres jointures, il suffit de les saupoudrer plusieurs fois dans la journée, avec la **Poudre Tonique** pour les voir promptement guérir.

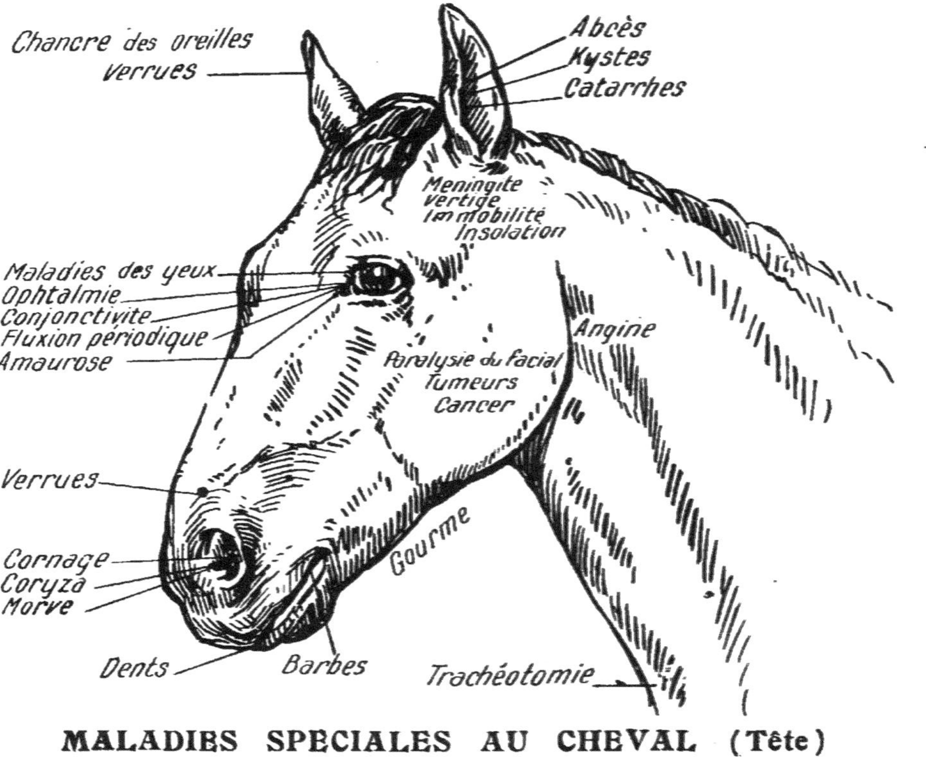

MALADIES SPECIALES AU CHEVAL (Tête)

ASCITE
HYDROPISIE DU VENTRE

Epanchement de sérosité dans la cavité abdominale (de liquide dans le ventre). Le chien est plus sujet à cette maladie que les autres animaux. — Elle est le plus souvent la conséquence d'une autre affection. — Elle est quelquefois la terminaison heureuse de la péritonite.

Les refroidissements de la peau — les habitations humides — les boissons froides, — la tonte pratiquée pendant une saison à température variable, les maladies chroniques du coeur, des reins, de l'utérus, la produisent.

L'augmentation du volume du ventre est ce qui frappe le plus dans cette maladie. — L'animal devient triste, perd l'appétit, maigrit, marche lentement, boit souvent et urine peu. — Puis le volume du ventre augmentant, les membres s'infiltrent, s'enflent (Anasarque) — L'oeil et la bouche sont décolorés.

Traitement. — Purgatifs souvent répétés, huile de ricin pour le chien et sulfate de soude pour les autres animaux. Bonne nourriture à laquelle on ajoute dans le son frisé, deux cuillerées à soupe par jour de **Poudre Tonique.** Frictions sèches sur tout le corps — Vapeurs aromatiques sous le ventre ou mieux frictions de **Révulsif Universel.** — Enfin, si l'animal est menacé d'asphyxie, ponction avec un trocart. Ce dernier moyen n'est qu'un palliatif qui soulage momentanément les malades.

Café et boissons nitrées — Contre l'anémie consécutive, donner des toniques et des ferrugineux (voir Anémie).

ARRACHEMENT DES CORNES

A la suite d'un accident, un animal de l'espèce bovine peut perdre une de ses cornes, quelquefois le cornillon qui se trouve à l'intérieur est intact, dans d'autres cas il est, lui aussi, fracturé.

L'animal porte la tête basse, penchée sur le côté ; souvent il y a du jetage mêlé de sang par le naseau correspondant à la fracture.

Traitement. — Quand l'hémorragie est abondante, il faut appliquer des compresses imbibées avec une décoction de **Poudre Tonique** ou de **Perchlorure de Fer** étendu d'eau de deux fois son volume. Une fois l'hémorragie arrêtée, on fait des pansements avec des compresses imbibées de **Résolutif Météorifuge**; on les maintient par des tours de bandes se dirigeant de la base vers l'extrémité de la corne, puis on revient en croisant les premiers tours et on termine en fixant la bande à la corne opposée.

Si la fracture est complète, on la régularise en amputant la corne avec la scie et l'on panse comme il vient d'être dit.

Accidents Consécutifs. — Si l'animal cesse de manger deux ou trois jours après l'accident, s'il tient la tête inclinée du côté de la corne amputée ou fracturée, il faut s'empresser d'enlever le pansement et faire par l'ouverture qui communique avec le centre des os de la tête, des injections avec une décoction de **Poudre Tonique** à laquelle on ajoutera un volume égal de Solution Phéniquée. Pour faire écouler le sang et le pus par ce canal on forcera l'animal à pencher la tête ou on l'invitera à la secouer en lui versant de l'eau dans l'oreille. Si le jetage est abondant et continu des fumigations de goudron de Norvège seront indiquées.

ASPHYXIE

Suspension ou arrêt de la respiration et d'autres fonctions importantes, suivi le plus souvent de mort.

Suivant les causes qui la produisent, on distingue: l'asphyxie par strangulation — l'asphyxie par submersion — l'asphyxie par manque d'air. Par des gaz impropres à la respiration — par la fumée en cas d'incendie.

Traitement. — Eloigner de suite la cause qui a produit l'asphyxie et chercher à rétablir la respiration; — Exposer l'animal à un bon air frais — Insuffler pendant longtemps de l'air dans le nez, avec la bouche, ou bien, chez les grands animaux, avec un soufflet — En même temps comprimer la poitrine pour solliciter les mouvements du poumon — Frictionner avec une brosse rude ou des bouchons de paille, les membres et le cou. — Pratiquer une petite saignée. — Faire aux fesses et sur les épaules, des frictions avec le **Révulsif Universel**. — Donner des lavements d'eau tiède auxquels on ajoute une cuillerée de **Résolutif Météorifuge**.

ASTHME

Gêne considérable de la respiration, avec toux fréquente pénible et sans fièvre.

L'Asthme se montre chez les chiens, surtout lorsqu'ils sont âgés — Il se produit insensiblement, sans cause appréciable — La joie, une vive émotion ou une course, rendent les animaux essouflés au point d'être menacés d'asphyxie.

Traitement. — L'Asthme est incurable.

ATROPHIE

EMACIATION

L'Atrophie est un défaut de nutrition d'une ou de plusieurs parties du corps, qu'on reconnaît à l'amaigrissement ou **Emaciation** des chairs.

Tout ce qui ralentit ou empêche la circulation du sang ou diminue la sensibilité — une douleur localisée — un excès de travail — certaines maladies, une paralysie par exemple, produisent l'Atrophie.

Traitement. — Exercice ou travail modéré — frictionner tous les deux jours avec le **Résolutif Météorifuge** afin d'attirer le sang vers la partie émaciée et activer la nutrition — Si ces moyens ne suffisent pas, faire tous les huit jours une friction avec le **Révulsif Universel.**

ATTEINTE

Contusion ou meurtrissure avec ou sans plaie, que les animaux se font à l'extrémité des membres.

Cette maladie est fréquente chez les chevaux qui se forgent ou qui, fatigués et faibles des reins, se coupent en marchant.

Les fers à crampons pointus garnissant trop en dedans occasionnent souvent cet accident.

L'atteinte est simple lorsqu'elle est légère — Dans ce cas

le poil manque sur la partie contusionnée. La peau est enta-
mée à la surface ou dans son épaisseur — La douleur est
plus vive — La boiterie est légère et disparaît après quelques pas.

L'Atteinte est dite sourde lorsqu'elle se produit sur les talons, sur les tendons et occasionne une douleur vive.

Encornée, lorsque le sabot est atteint, décollé, etc. . .

Traitement. — L'eau froide, en bains ou en irrigations
continues, suffit ordinairement pour guérir les Atteintes avec
ou sans plaies, lorsqu'elles sont récentes et légères — Mais
si la contusion a meurtri profondément les tissus, il faut
appliquer des cataplasmes calmants, de mauve, de farine de
lin, de miel et de son mêlés, afin de hâter la chute de la partie meurtrie et mortifiée. — Lorsque l'atteinte est encornée,
notre **Onguent Détersif** produit promptement la guérison.
— Les plaies contuses ou non, doivent être lavées avec la solution phéniquée ou iodée et saupoudrer de **Poudre Tonique**
— Suivant le degré de l'atteinte donner du repos.

Irrigation Continue. — Pour installer l'irrigation continue à la ferme on met un tonneau plein d'eau dans le fenil
au-dessus de l'écurie. Un tube de caoutchouc d'une longueur
convenable de 4 ou 5 mètres selon la hauteur part d'un ro-
binet placé au fond du tonneau pour aboutir au niveau de la
plaie. Ce tube sera fixé par des cordes, sangles etc.... le long
du corps de l'animal, de manière que celui-ci puisse se coucher et se mouvoir sans rompre le tube.

AVORTEMENT

Expulsion du foetus mort ou incapable de vivre.

L'avortement cause des pertes considérables à l'éleveur et
déprécie les femelles qui en sont frappées.

Les femelles qui ont avorté restent souvent stériles ou sont
sujettes, pendant plusieurs années à voir cet accident se renouveler, — on doit donc les proscrire de la reproduction.

Les causes de l'avortement sont : les fortes contusions,
pressions ou secousses exercées sur le ventre — Une nourriture mauvaise, insuffisante ou indigeste — Un travail excessif — La frayeur — Les saignées trop abondantes — Les

purgatifs trop violents — Certaines maladies graves qui donnent lieu à un trouble général, certaines circonstances atmosphériques.

L'avortement se produit, le plus souvent, soudainement et sans effort ; l'animal n'en éprouve aucun malaise — Lorsque le foetus est mort dans le ventre de la mère, son expulsion est précédée d'une inquiétude caractérisée par la voix plaintive, la tristesse et la marche difficile — Le ventre est alors tombé.

Quand le foetus n'est pas mort, les douleurs sont plus vives, mais l'animal est moins accablé — La vulve est gonflée et laisse écouler un liquide filant. — Viennent ensuite les efforts expulsifs, qui sont plus ou moins énergiques suivant l'état de l'animal.

Traitement. — Prévenir l'avortement en évitant les causes qui le produisent. — Quand il arrive, faire un bon lit de paille et laisser agir la nature, si le travail se fait bien — Dans le cas contraire, injecter dans la matrice de l'eau de mauve bouillie mais tiède. — Si la mère a épuisé ses forces lui faire avaler des infusions aromatiques chaudes, du café ou un litre de vin. Si enfin le foetus ne peut être expulsé, il faut le secours de la main et des cordes et par des tractions répétées, aider les efforts de la mère (Voir accouchement laborieux) — Après l'expulsion du foetus il faut s'occuper de la délivrance.

Si vingt-quatre heures après la mise-bas le placenta n'est pas rejeté, il faut procéder à son extraction, car dans le cas d'avortement le col de la matrice se resserre très vite ; deux jours après on ne peut plus y passer la main.

La bête qui a avorté doit être tenue chaudement et séparée des autre femelles. — L'étable où s'est produit l'avortement doit être désinfectée. — Enlever le fumier — laver les mangeoires et râteliers à la solution de Crésyl. — Pulvériser cette solution sur les murs et ensuite les blanchirs à la chaux - Répandre du Crésyl sur le sol et en vaporiser dans l'écurie - Laver la vulve des autres vaches avec la solution de permanganate de potasse — Toutes ces précautions sont utiles pour éviter l'avortement épidémique.

BALANITE
(Voir Acrobustite)

BALLONNEMENT
(Voir Météorisation)

BARBES - BARBILLON

On appelle ainsi des petits mamelons, servant de soupapes aux conduits salivaires et placés de chaque côté du frein de la langue.

Lorsqu'un cheval semble ne pas manger ni boire comme d'habitude, certains guérisseurs, ignorant l'utilité des barbillons, les excisent croyant remédier ainsi à l'indisposition. — C'est absolument le contraire qu'ils font ; l'ouverture des conduits salivaires n'étant plus protégée par leur soupape naturelle, donne passage à des parcelles de foin, de paille ou à des graines de brôme, qui produisent des inflammations et des abcès dont les animaux souffrent beaucoup.

Traitement. — Extraire les corps étrangers engagés dans le conduit, et faire de fréquents gargarismes d'oxymel, auxquels on ajoute une cuillerée de **Poudre Tonique** (Voir Oxymel à l'appendice).

BLEIME

La bleime est une meurtrissure de la sole et du talon.

On l'observe surtout aux pieds de devant et plus souvent au talon de dedans. — Tous les chevaux sont sujets à cette maladie, mais les pieds lourds, serrés au talon, encastelés, ou bien larges, plats et à talons bas, y sont plus exposés ; — La cause la plus sérieuse des bleimes, c'est la mauvaise ferrure.

Le cheval qui souffre d'une bleime porte le pied malade en avant et évite de l'appuyer. -- En marchant il boite. — Les talons sont chauds et si on les comprime avec la tricoise du maréchal, l'animal accuse une vive douleur.

On distingue trois espèces de bleimes : **La Bleime Sèche, La Bleime Humide et La Bleime Suppurée.**

Dans la bleime sèche, le sang épanché sous la sole, la colore en jaune pointillé et rouge. — Cette bleime est ordinairement sans gravité et fait rarement boiter.

Dans la bleime humide, il y a inflammation et sudation liquide qui fait décoller la corne. — Celle-ci est molle et quelquefois humectée de sang — Cette bleime fait boiter l'animal.

Dans la **Bleime Suppurée**, l'inflammation est accompagnée de suppuration. — La sole et la paroi se décollent ; — la boiterie est considérable.

Traitement. — Parer le pied et amincir les talons le plus possible. — Ramollir la corne et calmer la douleur en appliquant des cataplasmes de mauve, oindre ensuite le pied de corps gras ou d'onguent de pied et appliquer un fer à planche, ou, si la fourchette est mauvaise, mettre un fer à larges éponges.

Quand la bleime est suppurée, il faut enlever la partie de la corne décollée et amincir tout autour — Appliquer un fer léger et panser avec une étoupade phéniquée en comprimant, ou bien, si la plaie n'a pas bon aspect, avec l'**Onguent Détersif.**

BLENNORRHÉE
(Voir Acrobustite)

BLÉPHARITE
(Voir Ophtalmie)

BLESSURES

Sous le nom générique de blessures, on désigne, toute lésion locale, avec ou sans plaie, produite par une cause extérieure.

Les blessures comprennent donc: les plaies; les entorses; les contusions; les luxations; les fractures; les hernies; les brûlures; etc. . (Voir ces mots).

BOITERIES
CLAUDICATION

On appelle ainsi une irrégularité dans la marche qui dénonce l'existence d'une maladie ou d'une blessure d'un membre et, le plus souvent du pied.

Toute boiterie accuse une douleur et, plus la douleur est vive, plus la boiterie est prononcée.

Le cheval qui souffre d'une jambe cherche à se soulager en rejetant le poids du corps sur la jambe saine correspondante. — En effet, lorsqu'il marche le membre malade touche à peine à terre et reste plus longtemps en l'air, la tête et l'encolure retombent sur lui au moment du poser, pour soulager le membre malade. — Le contraire se produit lorsqu'il s'agit de la boiterie d'une jambe de derrière ; la tête et l'encolure s'abaissent au moment ou le pied fait son appui. — C'est sur le membre dont le pied appuie le moins longtemps sur le sol qu'il faut chercher la cause de la boiterie. — Pour cela, il faut examiner le membre malade dans toute son étendue et le comparer au membre sain correspondant. --- S'il existe des tares dures ou molles, des efforts, des blessures, des javarts, des seimes (Voir ces mots), il faut les explorer avec soin en les comprimant avec la main. — S'il n'y a pas de douleur, c'est ailleurs qu'il faut chercher la boiterie. — on lève alors le pied et on l'embrasse des deux mains, — si on le sent plus chaud que le pied sain, la boiterie vient du pied. — Alors on regarde si le fer n'appuie pas sur la sole, puis avec le brochoir (marteau à ferrer) on frappe à petits coups sur les rivets, sur la fourchette, pour s'assurer de leur sensibilité. — Si cet examen ne démontre rien, il faut déferrer le pied si, surtout il est chaud et sensible.

On retire les clous un à un et on s'assure s'il n'y a pas d'humidité ou de pus sur la lame. — On pare légèrement a plat tout le dessous du pied et on comprime la sole en la pinçant dans toute son étendue avec les tricoises. — Enfin, si l'on a rien trouvé, on réapplique le fer avec quatre clous seulement et on termine l'examen en faisant jouer successivement toutes les jointures du membre.

BOITERIE INTERMITTENTE
POUR CAUSE DE VIEUX MAL

Cette boiterie ne se montre pas d'une manière continue

de façon qu'elle n'est pas toujours visible.

On en reconnaît deux espèces : la boiterie à **Froid**, qui se montre après le repos et disparaît après un exercice plus ou moins long, et la boiterie à **Chaud**, qui n'existe pas après le repos et se montre pendant l'exercice.

Cette boiterie est rédhibitoire (Annule la vente) à condition qu'elle soit due à un vieux mal, ce qui veut dire que la boiterie doit être ancienne, chronique et ne pas être produite par un mal récent.

BOULETURE
CHEVAL BOULETÉ

Redressement et déviation en avant du boulet. — Un cheval bouleté est un cheval usé, ruiné.

Tout ce qui tend à rétracter les tendons fléchisseurs des membres, concourt à produire la bouleture; ainsi les efforts violents et souvent répétés. — les engorgements tendineux (Nerf Ferrure), les formes, les seimes, une mauvaise ferrure, etc...

Le cheval bouleté paraît plus souffrant au repos qu'au travail. — Il boite plus ou moins suivant le degré de bouleture. — Il est très exposé à butter.

Traitement. — Lorsque la bouleture n'est que commençante, les animaux ne doivent être employés qu'à un service à allures lentes et sur de bonnes routes ou au labour. — Faire une friction de **Résolutif Météorifuge** tous les quatre jours. — Une ferrure méthodique consistant en un fer à éponges nourries ou plutôt à crampons, doit être employée. — Ce fer est préférable au fer à pince prolongé qui souvent, au lieu de remédier au mal, l'augmente.

Lorsque la bouleture est produite par des formes, des seimes, des molettes, etc. . ., son traitement est celui qui convient pour la guérison de ces maladies.

La section d'un tendon fléchisseur ne remédie que momentanément à la bouleture et doit être proscrite.

BOSSE

Cette maladie spéciale au porc est caractérisée par une tumeur située à la région correspondant aux amydales. Au moindre contact l'animal accuse de la douleur. Les soies qui la recouvrent deviennent hérissées, raides, dures.

Traitement. — Il faut extirper la tumeur et panser la plaie opératoire comme une plaie ordinaire (Voir Plaies).

BROMES

Le brôme des près est une plante herbacée dont l'épillet peut s'introduire entre les doigts du chien, cet aiguillon après avoir perforé la peau s'y loge profondément, en y établissant une fistule qui provoque la boiterie de l'animal.

Traitement. — Enlever le corps étranger avec de petites pinces et faire dans la fistule une ou plusieurs injections avec le **Résolutif Météorifuge.**

BRONCHITE

CATARRHE - RHUME DE POITRINE
COURBATURE - MORFONDURE

C'est l'inflammation de la muqueuse des bronches.

Les animaux qui suent facilement à cause de leur poils d'hiver, y sont plus sujets — Le froid surtout, lorsqu'il est humide — le passage brusque d'une température à une autre — les poussières irritantes, en sont les causes les plus ordinaires.

Au début, la bronchite se reconnaît à la gêne de la respiration — au battement du flanc — A la chaleur de l'air qui sort des narines. — à la toux plus ou moins fréquente, surtout quand l'animal sort de l'écurie. — A la coloration de l'oeil. — Chez les bêtes bovines, l'oeil est larmoyant et la rumination cesse. — Plus tard la toux augmente, mais elle est moins pénible. — Un jetage d'abord liquide, puis abondant se produit par les deux narines. — Ce jetage augmente peu à peu et devient épais. — Chez le chien, il y a pendant la toux vomissement de glaires. A l'auscultation on entend des bruits musicaux, des râles humides qui sont le crépitement produit par le passage de l'air dans les mucisités secrétées par les bronches.

Traitement. — La bronchite récente et légère cède facilement à un traitement simple : tenir le malade chaudement et au repos; — le bouchonner souvent. — Diète plus ou moins sévère suivant le degré du mal; boissons tièdes à la farine d'orge, en abondance, — boissons légèrement nitrées (8 à 10 grammes par jour), fumigation de goudron. — Si la toux est fréquente donner de la tisane de figues, — un electuaire au miel et à la poudre de réglisse, — faire une saignée, — couverture de laine sur le dos, frictionner le poitrail ou les côtés de la poitrine avec le **Révulsif Universel**. Si la maladie est plus grave, Sinapismes aux quatre membres. — Mettre un séton au poitrail ou abcès de fixation.

Chez le chien, au début de la bronchite, il convient de purger avec l'huile de ricin, pour dégager les bronches et donner des tisanes émollientes avec le goudron.

BRONCHITE VERMINEUSE

Cette maladie peut affecter le Cheval, le Boeuf, le Mouton, le Lapin et les oiseaux de basse-cour.

Elle est déterminée par des vers, le Strongle micrure et le Strongle filaire que l'on rencontre surtout dans les pâturages humides. La toux est ordinairement forte, pénible, quinteuse, avec des accès de suffocation l'auscultation présente les mêmes caractères que dans la bronchite simple. Pendant les accès de toux, le rejet de petits vers isolés ou réunis en pelotes mêlés aux mucosités est le symptôme révélateur.

Traitement. — Placer les animaux dans un local bien clos dans lequel on fera brûler du goudron de norvège, de l'acide phénique ou du crésyl, pour provoquer l'expulsion des strongles par la toux. — Nourriture riche et abondante. — Tous les jours dans les narines, une pulvérisation d'huile d'olive et d'essence de térébenthine à parties égales.

Quànd cette maladie atteint les poules; on les enferme dans une chambre où l'on fait brûler du goudron, ou du crésyl, sans toutefois risquer de les asphyxier.

BRULURES

Altération produite sur les parties vivantes par l'action de la chaleur. Le chien et le chat, par les rapports directs qu'ils ont avec l'homme y sont plus exposés que les autres animaux.

L'incendie de la litière — l'eau bouillante — des cataplasmes trop chauds — Le fer appliqué trop chaud sur le pied (sole brûlée) occasionnent le plus souvent cet accident.

Traitement. — Lorsque la brûlure est légère on perce les ampoules avec une aiguille flambée pour faire écouler la sérosité, qu'elles contiennent, puis on les badigeonne deux ou trois fois par jour avec une solution de gomme arabique. — Lorsque la brûlure est grave, c'est-à-dire quand elle a détruit la peau et les tissus voisins, appliquer des compresses imbibées d'un mélange d'eau de chaux secondé avec de l'huile d'olive à parties égales auquel on ajoutera une petite quantité de **Poudre Tonique.** — Plus tard, onctions de **Résolutif Météorifuge.**

CACHEXIE AQUEUSE
POURRITURE - BOUTEILLE - DOUVE
MAL DE FOIE

Maladie générale produite par un appauvrissement du sang et caractérisée par la pâleur et la molesse des chairs ; par la perte progressive des forces ; par l'amaigrissement ; par des infiltrations ou hydropisies sous la peau, dans la poitrine ou le ventre.

Dans la cachexie, la masse du sang et sa partie solide ont diminué, tandis que la partie liquide a considérablement augmenté.

Cette maladie est fréquente, surtout chez le mouton et le lapin. — Elle se montre quelquefois à l'état épidémique, après les années pluvieuses, — les prairies marécageuses dont le sol est argileux, — une nourriture mauvaise ou insuffisante et trop aqueuse. — Certains parasites du foie (Distomes), en sont les causes principales.

Les signes qui précèdent la cachexie sont fournis par les bêtes à laine les plus maigres, les moins vigoureuses. — Un oeil attentif voit, en effet, ces animaux perdre leur gaîté, leur force, leur vivacité ; l'appétit diminue, — le besoin de boire est grand ; la rumination est troublée ; l'oeil et la bouche sont pâles.

Lorsque la maladie éclate, la faiblesse augmente, la peau
devient d'un blanc mât avec reflet jaunâtre; la laine devient
sèche, cassante et se détache facilement; la soif est toujours
très grande, les urines rares, l'appétit presque nul. — Le
dos est très sensible à la pression. — Puis le corps s'em-
pâte, l'oeil se boursoufle; — l'hydropisie se montre pour
disparaître par l'exercice et revenir pendant le repos; sous
la ganache se forme une tumeur molle, appelée par les ber-
gers : **Bouteille.**

Cette infiltration d'eau gagne en étendue, alors le mal est
à sa dernière période. Enfin, la diarrhée se montre et les
animaux meurent.

Traitement. — Quand la cachexie est avancée, elle est
incurable. — Au début il faut changer les prairies humides
par des prairies hautes. — Nourriture fortifiante : avoine —
farineux auxquels on ajoute une cuillerée de **Poudre Tonique.** Boissons rouillées et goudronnées (Voir ces mots à
l'appendice) — Sel, 5 à 6 grammes par jour et par tête; —
bergerie sèche et aérée — Ne point sortir les animaux de
la bergerie pendant les journées de pluie et de brouillard.

CALCULS

PIERRES - GRAVIERS

Dépôts solides formés dans le corps des animaux par des
sels que les liquides contiennent.

Les causes qui produisent les calculs sont, ainsi que leur
forme et leur poids, des plus variés.

Il est fort difficile de reconnaître leur présence, les signes
qu'ils fournissent étant communs à d'autres maladies.

Il y a plusieurs sortes de calculs : les calculs biliaires; les
calculs salivaires, les calculs de l'intestin et ceux de la vessie.

Traitement. — Calculs Biliaires. — Se traitent par le
sulfate de soude donné à petites doses et longtemps continué
(150 grammes par jour pour les grands animaux, 8 grammes
pour les petits).

Calculs Salivaires. — On les extrait. — Pour cela on
incise le canal salivaire.

Calculs Intestinaux. — Sulfate de soude à l'intérieur — On doit, en outre, fouiller les animaux par le Rectum afin de les extraire ou de les déplacer.

Calculs Vésicaux. — Tisane de graines de lin et de **Poudre Tonique** à laquelle on ajoute du nitre. — Nourriture : herbe en vert ; — pas d'aliments farineux ; — repos.

CANCER
CANCRE

Maladie aussi difficile à définir qu'à guérir. — Nous dirons néanmoins qu'elle consiste en une grosseur ordinairement dure, qui augmente et se multiplie facilement.

A l'heure actuelle, l'origine du Cancer n'est pas définie par la science.

Certains auteurs croient à une affection microbienne ; d'autres l'attribuent à une transformation des cellules qui deviennent parasites. On sait toutefois que le germe du cancer se trouve dans l'animal qui en est atteint. — On admet aussi qu'il peut être produit par une irritation locale.

Traitement. — On ne connaît aucun remède capable de guérir le cancer. — Il faut en faire l'ablation de très bonne heure, avant qu'il soit devenu volumineux. — Après l'intervention chirurgicale, quelques séances de radiothérapie semblent empêcher les récidives.

CAPELET
PASSE-CAMPANE

C'est une grosseur molle qui occupe la pointe du jarret des grands animaux et notamment du cheval.

Elle est produite par des contusions. — Les chevaux qui ont le vice de ruer attelés ; — ceux qui en se couchant, laissent toucher la pointe du jarret sur le sol, y sont très exposés. — Certaines conformations du jarret y prédisposent.

Le jarret atteint de capelet est disgracieux à l'oeil, il paraît être coiffé. — C'est sur sa pointe, quelquefois de côté, que se trouve placé le capelet. — Cette tumeur est molasse, mobile, sans douleur et fait rarement boiter les animaux, — Dans quelques cas elle s'abcède.

Traitement. — Au début, douche d'eau froide ; application d'argile, de vinaigre et de **Poudre Tonique** mêlés que l'on renouvelle souvent. — Plus tard, frictions de **Révulsif Universel** : Deux frictions suffisent ordinairement.

Lorsque le capelet résiste à ces moyens, il faut l'ouvrir avec un instrument aigu et injecter dans la poche du **Révulsif Universel**. — Ce dernier moyen réussit infailliblement.

CARIE
NÉCROSE - GANGRÈNE DES OS

La carie, c'est la mort d'une partie des os par fixation microbienne.

Tous les os sont sujets à la carie, mais les os courts plus que les os longs. — Les offenses extérieures en sont presque toujours la cause.

L'inflammation des os **(Ostéite)** se termine souvent par la carie.

La carie est toujours précédée d'une inflammation plus ou moins douloureuse, suivant la profondeur du mal ; ensuite l'os se gonfle, s'ulcère et suppure par une petite ouverture appelée fistule. — Le pus est liquide, grisâtre, mêlé à du sang et répand une mauvaise odeur. — Au voisinage de la partie cariée, on voit un gonflement mou, chaud et douloureux qui, plus tard, devient dur **(Induré)**.

Traitement. — Le moyen le plus prompt pour détruire la carie, c'est le feu. Il faut l'appliquer sans hésitation. — On fait alors chauffer un cautère à blanc, on le plonge dans la partie cariée et on l'y laisse pendant quelques instants afin de détruire toutes les parties malades qui, au bout de quelques jours, sont rejetées par la suppuration. — Une plaie rose, donnant un pus blanc et épais, indique que la carie est détruite. — Cette plaie doit être traitée comme une plaie simple. *(Voir Plaies)*

CATARRHES

Inflammation récente ou ancienne (Aiguë ou Chronique) d'une muqueuse, avec formation d'humeur épaisse (Mucus purulent).

Il y a plusieurs espèces de catarrhes.

Le catarrhe des **Cornes**; — le catarrhe auriculaire du chien; — le catarrhe **Nasal**; — le catarrhe **Pulmonaire**.

Catarrhe des Cornes. — Maladie particulière aux bêtes bovines. — Les boeufs de travail y sont plus sujets à cause de l'ébranlement que le joug exerce sur leurs cornes; — Les coups violents portés sur la tête; — un travail pénible joint à une nourriture abondante et récemment récoltée; — les fortes chaleurs causent ce catarrhe.

Au début, il y a souvent écoulement de sang (Hémorragie); — battement de flanc; — perte d'appétit; — les animaux sont moins ardents au travail; — vers le sixième jour, la rumination cesse, le boeuf tient la tête basse et penchée du côté malade, — la corne affectée devient brûlante; — l'oeil du même côté est rouge, puis un jetage glaireux et de mauvaise odeur s'établit par le nez; ce jetage augmente; — l'animal refuse de manger, maigrit et tombe dans le marasme.

Traitement. — Au début, repos, saignée à la queue; — compresses d'eau vinaigrée sur la tête, surtout autour des cornes; privation de fourrage; boissons blanches nitrées; s'il se forme un dépôt dans l'intérieur des cornes, il faut sans hésiter les amputer (Scier); on fait ensuite des injections de décoctions froides de **Poudre Tonique**.

L'amputation et les injections ramènent promptement la santé.

Catarrhe Auriculaire du Chien — Otite Chronique. — Difficile et long à guérir, ce catarrhe s'annonce par une démangeaison; les animaux se grattent les oreilles et secouent souvent la tête; l'intérieur de l'oreille est rouge et laisse suinter un liquide plus ou moins abondant, épais et jaunâtre, répandant une mauvaise odeur. Cette maladie se termine souvent par l'épaississement de la membrane qui tapisse l'oreille et, par suite détermine la surdité.

Traitement. — Nettoyer l'oreille avec de l'eau savonneuse; calmer la douleur par des lotions de mauve; — faire ensuite trois fois par jour, des injections dans les oreilles, avec une décoction froide de **Poudre Tonique**; — après chaque injection laisser tomber au fond de l'oreille quelques gouttes d'**Huile Aromatique**. (Voir ces mots à l'appendice).

Avoir recours aux purgatifs de temps en temps.

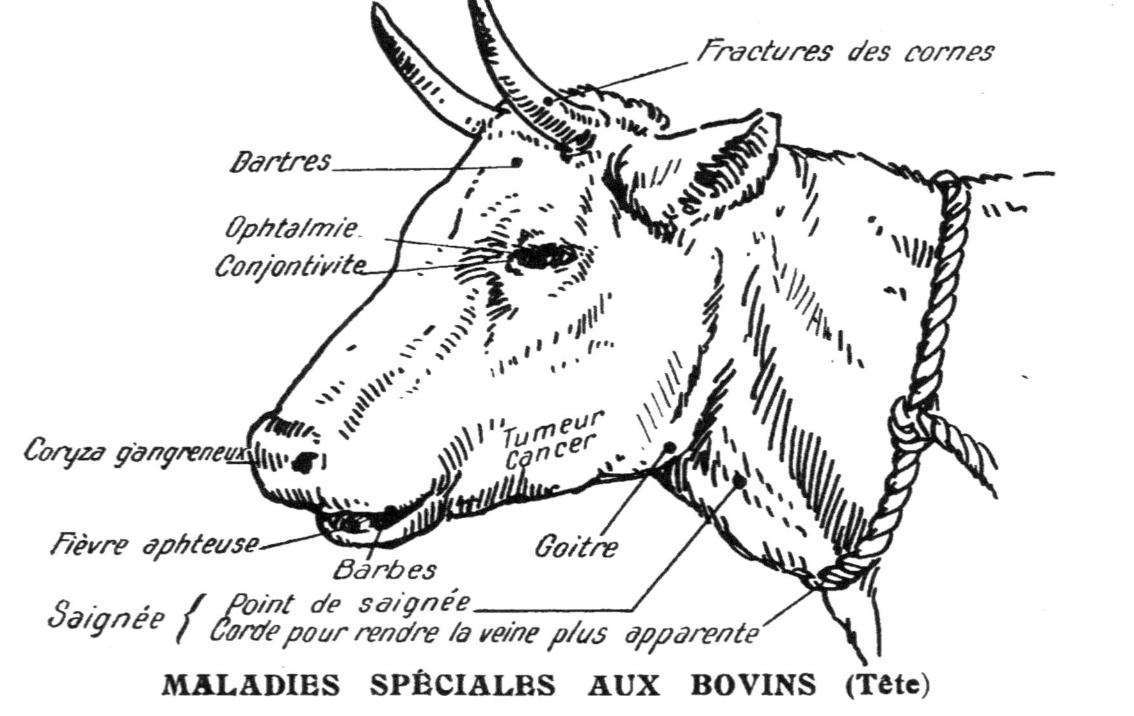

MALADIES SPÉCIALES AUX BOVINS (Tête)

Le séton sur le cou peut être utile.

Catarrhe Nasal. — (Voir Angine)

Catarrhe Pulmonaire. — (Voir Bronchite)

CERISES

On appelle ainsi de petites excroissances de chair qui s'élèvent de la surface d'une plaie, plus spécialement sur les plaies du sabot et que leur forme et leur couleur ont fait comparer à des cerises.

Ces excroissances de chair dépendent presque toujours du pansement mal fait d'une plaie du pied ou du pincement des chairs par la corne, comme dans la seime.

Traitement. — Exciser l'excroissance de chair, la saupoudrer fortement de **Poudre Tonique** et panser en comprimant ; on applique ensuite sur le pansement une plaque métallique (Tôle ou fer blanc)

CHALEUR (Coup de)

COUP DE SANG - INSOLATION

Asphyxie rapide à la suite de violents efforts de tirage ou de courses rapides, par un temps très chaud.

Les animaux mis hors d'haleine par un travail exagéré sur les routes poussièreuses, dans une atmosphère raréfiée, sous les rayons d'un soleil brûlant, sont frappés de chaleur. — Ceux qui sont bien nourris, gras, y sont plus exposés.

Au début du mal, l'animal ralentit son allure et n'est plus sensible à l'action du fouet ; — son corps est plus suant que de coutume ; puis il s'arrête immobile sur ses membres, le regard fixe, luisant et comme agrandi. — Ses narines se dilatent, sa face se grippe, — le flanc s'agite avec précipitation, — la respiration devient rapide et fortement bruyante, la sueur ruisselle sur tout le corps ; si on arrête l'animal, la respiration peut revenir à l'état normal, mais le plus souvent les conditions d'asphyxie sont complétées au moment où l'animal est arrêté ; alors à bout de force, il chancelle sur ses membres et tombe sur le sol comme une masse inerte.

Traitement. — Prévenir les coups de chaleur en évitant de laisser les animaux longtemps exposés à un soleil trop chaud ou dans des écuries ou bergeries trop chaudes et mal aérées.

Quand le mal est déclaré, on doit jeter, pendant cinq minutes, de l'eau froide en abondance sur tout le corps, — puis sécher la peau avec des éponges ou des linges et la frictionner avec des brosses rudes ou des bouchons de paille. — Glace sur le front — Et, si l'état s'aggrave, injections hypodermiques d'huile camphrée et d'éther — Donner des infusions aromatiques, du vin. Faire une saignée moyenne et la renouveler au besoin. — Insuffler de l'air dans les naseaux avec un soufflet.

CHANCRE
(Voir Ulcère)

CHARBON

FIÈVRE CHARBONNEUSE - ANTRAX

GLOSSANTRAX - AVANT-CŒUR

MALADIE DU SANG - SANG DE RATE

Le charbon est une maladie par altération du sang, microbienne, virulente et contagieuse, dont le siège et la forme sont variables suivant les divers animaux.

Il est particulier aux herbivores, mais il se transmet par inoculation à tous les autres animaux, même à l'homme.

On a vu des mouches ayant butiné sur des cadavres d'animaux charbonneux, communiquer le charbon à l'homme, par leur piqûre.

Le charbon apparaît sous tous les climats, surtout après les années pluvieuses, pendant et après les chaleurs de l'été.

Il frappe indistinctement tous les animaux, les jeunes comme les vieux ; les gras comme les maigres et produit généralement de grandes mortalités.

La cause unique de cette maladie est l'introduction d'un microorganisme, le **Bacille Anthracis** dans l'économie, elle y pénètre ordinairement par les voies digestives, par l'intermédiaire des boissons et des aliments altérés.

On reconnaît deux espèces de charbon :

1°) **Charbon** proprement dit.

Il se montre sous forme de grosseurs (tumeurs) indifféremment sur toutes les parties du corps, chez le cheval et le boeuf — Chez le mouton, il occupe de préférence la tête et le voisinage des ouvertures naturelles.

Ces tumeurs, peu volumineuses et douloureuses au début, grossissent rapidement et de rouges qu'elles étaient, elles deviennent violacées, puis noires, indolentes et crépitent comme du parchemin qu'on froisse. — Les animaux deviennent tristes, éprouvent des tremblements aux épaules et aux fesses ; — les yeux sont rouges ; la bouche est sèche ; — l'appétit diminue ou cesse ; la soif augmente ; — l'inquiétude et la douleur sont indiquées par de fréquents changements de place, par des trépignements, l'animal gratte du pied, se couche, se relève, beugle, hennit ou grogne, suivant l'espèce affectée.

Traitement. — Il faut se hâter de faire pénétrer profondément dans les tumeurs un cautère chauffé à blanc ; — introduire dans les ouvertures des mèches imbibées de **Révulsif Universel.** — Frictionner ensuite toute la tumeur avec le même révulsif, afin de la fixer à la peau ; faire boire souvent des infusions aromatiques vineuses et même du vin pur auquel on ajoute, chaque fois, une cuillerée de **Poudre Tonique.** — Donner des barbottages farineux à l'eau de goudron auxquels on ajoute une pincée de sel de cuisine. — Ecurie propre, sèche et bien aérée. — Séparer les animaux sains des malades ; désinfecter les étables par des pulvérisations de solution crésylée et de chlorure de chaux. — Chez le porc, les lavements purgatifs au sulfate de soude, produisent de bons effets.

2°) **Fièvre Charbonneuse.** — Se montre subitement avec les mêmes signes que le charbon proprement dit, moins les tumeurs à la surface du corps. — Ces tumeurs se forment au contraire dans l'intérieur du corps, particulièrement dans le foie, la rate, etc. . .

Cette forme de charbon est très difficilement curable.

Traitement. — Même traitement que le précédent, moins l'emploi du fer rouge que rien ne motive.

3°) **Glossantrax** — ou **Charbon à la Longue.** — Mêmes symptômes que les précédents, mais au lieu de tumeurs, ce sont de petites vessies qui se montrent sur les parties latérales de la langue, sur le frein, sur le palais, aux gencives et en dedans des lèvres.

Ces vésicules sont grises ou jaunes et donnent lieu à une inflammation qui rend la langue enflée et pendante hors de la bouche. — L'animal bave, puis ces vésicules se crèvent et forment de petites plaies ulcéreuses; la salive devient filante et ichoreuse; — enfin le mal gagne la gorge et la mort arrive par asphyxie.

Traitement. — Inciser les vésicules et faire de fréquents gargarismes d'eau vinaigrée froide auxquels on ajoute une cuillerée de **Poudre Tonique.**

Le restant du traitement est le même que pour les deux autres espèces de charbon.

CHOLÉRA DE LA VOLAILLE
SEPTICÉMIE

Maladie contagieuse et virulente de la volaille, ainsi appelée par son analogie avec le Choléra Asiatique.

Le choléra fait, à chaque apparition, de nombreuses victimes. — Sa marche est très rapide. — Il n'y a pas de maladie microbienne qui se transmette plus facilement.

Les causes qui le produisent sont obscures. — La chaleur excessive semble contribuer à son développement, car c'est en Juin, Juillet et Août qu'il fait le plus de ravages. — Il attaque toutes les espèces de volailles : poules, canards, oies, dindons; les faisans et les paons sont moins atteints. Le lapin lui-même peut en être affecté.

On reconnaît le choléra à la perte de l'appétit, à l'augmentation de la soif, à la tristesse, — à l'affaissement du corps sur les pattes, au plumage hérissé, aux ailes tombantes, au cou flasque, à la tête basse. — Les animaux cherchent le soleil ou se groupent en se serrant les uns contre les autres; — puis une diarrhée fétide et blanchâtre se montre; La crête prend une couleur foncée sur les bords, si on écarte les plumes, on aperçoit quelquefois sur la peau une teinte bleuâtre. Alors la volaille est très abattue, comme endormie et se tient à peine sur les pattes ; puis la crête se gonfle, devient violacée ou noire et l'animal succombe.

Tout cela se produit souvent en quelques heures.

Traitement. — Tenir les poulaliers et les basses-cours dans le plus grand état de propreté ; les arroser avec de l'eau crésylée et renouveler souvent l'air ; ne point exposer la volaille au soleil ; — changer la nourriture ; remplacer les grains par des salades hâchées mêlées à du son et à la **Poudre Tonique**, le tout légèrement humecté. — Donner de l'eau goudronnée ou salicylée à 2 grammes d'acide salicylique par litre. — Conduire la volaille dans des prairies ou des vergers ou mieux encore, faire émigrer celle qui n'est point malade. — Enterrer sans délai la volaille morte.

Enfin dans les épidémies graves on pourra essayer la vaccination Pastorienne.

CHORÉE
DANSE DE SAINT-GUY

Maladie nerveuse, consistant dans des contractions irrégulières ou involontaires d'une ou de plusieurs parties du corps.

La chorée ne s'observe guère que chez le chien où elle est le plus souvent la suite de la maladie, dite des chiens.

Elle est caractérisée par des mouvements saccadés, convulsifs des membres, de la tête et quelquefois de tout le corps. — Ordinairement la maladie est continue et les secousses se montrent à intervalles réguliers, que l'animal soit levé ou couché, en éveil ou endormi. — Rarement les contractions sont intermittentes.

Le malade conserve longtemps les signes extérieurs d'une bonne santé ; plus tard, il devient débile, anémique et paralysé.

La chorée est difficile à guérir et dure ordinairement longtemps

Traitement. — Les moyens qui obtiennent le plus de

succès sont : une bonne nourriture, de l'exercice, les bains
d'eau froide donnés par immersion et par surprise (par sai-
sissement) en ayant soin, après chaque bain, de bien essuyer
et d'envelopper les animaux d'une étoffe de laine. — Les
frictions de **Résolutif Météorifuge** sur les parties où l'on
observe les mouvements convulsifs produisent d'excellents
effets. — Il en est de même des purgatifs (huile de ricin)
donnés tous les 20 jours. — A l'intérieur on peut aussi
essayer le bromure de potassium à la dose de 0 gr, 25 à
0 gr, 50 par jour.

CLAVELÉE
PETITE VÉROLE – VARIOLE – CLAVEAU
PICOTTE – ROUGEOLE

Variole du mouton, consistant, comme celle de l'homme
en une érruption boutonneuse de la peau.

Contagieuse et épidémique au plus haut degré, la Clavelée
est particulière à l'espèce ovine et n'affecte qu'une seule fois
le même individu.

Elle était autrefois plus fréquente qu'aujourd'hui et faisait
de nombreuses victimes (En 1819, la France perdit plus d'un
million de bêtes à laines).

La contagion communique la maladie par l'élément patho-
gène des boutons et par l'air qui véhicule les poussières
infectées.

Elle frappe indistinctement toutes les bêtes du troupeau,
mais à trois reprises différentes (bouffées ou lunées) séparées
les unes des autres de 20 à 30 jours. — Les animaux exposés à la clavelée ne la prennent pas immédiatement ; elle
couve pendant 6 ou 7 jours, (Période d'incubation) selon la
saison, puis elle se déclare à la peau sous forme de points
rouges desquels s'élèvent bientôt des petits boutons cir-
conscrits, qu'on appelle **Pustule Claveleuse.** — Ces pustules s'arrondissent. Dans leur intérieur se produit une humeur
rougeâtre, puis liquide et limpide, qui bientôt devient plus
épaisse et perd sa limpidité ; c'est le virus de la clavelée
appelé **Claveau.** — Ensuite le sommet de la pustule ou
bouton blanchit, l'humeur s'épaissit, la pustule se crève et
se recouvre de croutes qui sèchent et finissent par tomber
en écailles ou pellicules ressemblant à du son ; sans elles il
ne reste plus qu'une légère cicatrice.

Les pustules ou boutons se montrent de préférence au pourtour du nez, au plat des cuisses, partout où la peau est fine et peu chargée de laine.

Une température froide trouble souvent la marche régulière de la maladie, la fait rentrer à l'intérieur du corps (**Métastase**) et produit la mort.

La clavelée est un vice rédhibitoire ; un seul animal qui en est atteint entraîne la nullité de la vente de tout le troupeau, si toutefois le troupeau porte la marque du vendeur. — Le temps accordé par la Loi (du 20 mai 1838) pour intenter l'action en résiliation de vente est de 9 jours.

Traitement. — Le propriétaire d'un troupeau atteint de clavelée doit en faire la déclaration à l'autorité afin de la mettre à même de prendre des mesures pour empêcher que le mal se propage. — Toute négligence à cet égard est sévèrement punie.

Le traitement est purement hygiénique et prophylactique. On aura soin de placer les malades dans des bergeries propres, aérées sans être froides. — Donner de bons aliments des racines cuites, du vert si possible, des boissons avec de la farine d'orge, du son, et un peu de sel de nitre. — Eviter les refroidissements, la pluie.

Les sujets non atteints par la maladie doivent être vaccinés pour garantir le reste du troupeau de la contagion, et obtenir ainsi une clavelée bénigne, de moins longue durée et pas ou presque pas mortelle.

L'inoculation se fait à la face interne de l'oreille ou à la base de la queue ; on introduit la lancette chargée de virus sous l'épiderme de ces régions et l'opération est faite.

CLOU DE RUE

On appelle ainsi des blessures de dessous le pied ; occasionnées par des corps pointus qui traversent la sole ou la fourchette et attaquent plus ou moins les parties vives.

Les clous, les morceaux de verre, d'os ou de bois pointus qui se trouvent répandus dans les rues des villes, sur les chantiers de construction, etc.. occasionnent cette offense du sabot.

Le clou de rue est plus ou moins grave suivant qu'il est

simple et superficiel, ou bien compliqué, profond et pénétrant.
— Dans tous les cas il produit une boiterie plus ou moins forte suivant le degré du mal. — Souvent on trouve le clou implanté dans le pied; — d'autrefois il y est brisé ou bien n'y a laissé qu'une trace marquée par un point noir sur la corne.

Si le mal est récent, et peu profond, on ne trouve à la surface de la plaie qu'un peu de sang liquide ou coagulé, — plus tard, il peut se former du pus.

Lorsque le mal est profond, la boiterie est considérable, le pied atteint est chaud et n'appuie que sur la pince.

Traitement. — Retirer le corps cause du mal. — Déferrer le pied et amincir le plus possible la corne autour de la blessure. — Donner de fréquents bains d'eau froide ou bien appliquer des cataplasmes froids de farine de lin saupoudrés de **Poudre Tonique.** — Si ces moyens sont insuffisants, si surtout la plaie est profonde et située à la pointe de la fourchette, il faut mettre à découvert le mal en enlevant sur une assez grande surface la corne qui le cache, puis on excise les parties vives qui ont été meurtries, on lave avec une solution antiseptique et on panse avec la **Poudre Tonique,** ou bien avec des compresses imbibées de **Résolutif Météorifuge.** On comprime ensuite avec une étoupade et on referme avec un fer à plaque.

Les pansements ne doivent être renouvelés que tous les trois jours.

COLIQUES
TRANCHÉES - ENTÉRALGIE

Douleurs intestinales manifestées par des mouvements plus ou moins désordonnés.

Les coliques sont généralement produites par diverses maladies, le plus souvent dues à un état de faiblesse (**Atonie**) de l'intestin. — Certaines maladies du foie, de la matrice, de la vessie, donnent lieu à des coliques appelées fausses coliques.

Nous ne nous occuperons ici que des coliques proprement dites. — Le cheval est de tous les animaux celui chez lequel les coliques sont le plus fréquentes et le plus dangereuses.

Rares chez le boeuf et le mouton, elles sont ordinairement chez eux le symptôme d'une maladie grave.

Ce sont les indigestions qui produisent le plus souvent les coliques chez le cheval.

Les coliques ont des symptômes communs qui sont : vives douleurs manifestées par une agitation violente; — l'animal frappe ou gratte le sol avec les pieds de devant, se couche et se relève brusquement. — Il se roule sur la litière puis se campe, sort la verge pour uriner et urine peu ou pas du tout. — Le plus souvent, il y a constipation. — Le corps et les oreilles sont froids. — Le dos est raide. — L'oeil est rouge. — Suivant les causes qui produisent les coliques, on les a divisées en Coliques d'Indigestion, Coliques Inflammatoires, Coliques Venteuses, Coliques Stercorales, Coliques Nerveuses.

Coliques d'Indigestion. — Les aliments indigestes ou pris en trop grande quantité; les boissons froides, occasionnent ces coliques qui dans ce cas ne sont que le symptôme de l'indigestion. (Voir Indigestion) .

Coliques Inflammatoires. — Coliques Rouges — Coliques Sanguines. — Ces coliques, ordinairement très violentes, sont le symptôme de l'inflammation de l'intestin. (Voir Entérite).

Coliques Venteuses. — (Voir Météorisation).

Coliques Stercorales. — Elles sont produites par des matières mal digérées qui, en se tassant, forment des pelotes qui obstruent l'intestin.

Les chevaux vieux qui mangent avec avidité et broient mal les aliments, y sont plus sujets.

Traitement. — Notre **Résolutif Météorifuge** est le meilleur médicament à donner dans ce cas. On l'administre à la dose de deux cuillerées à soupe dans 150 grammes d'huile. — On répète cette dose toutes les heures, jusqu'à cessation des coliques. — Lavements tièdes avec une poignée de sulfate de soude. — Couvertures. — Pas de promenades; le repos est plus avantageux.

Coliques Nerveuses ou Spasmodiques. — S'observent fréquemment chez les chevaux nerveux et irritables, après un arrêt de transpiration ou après avoir bu trop d'eau froide.

Dans ces coliques, généralement peu graves, le ventre ne se gonfle pas, — les douleurs sont intermittentes, — le pouls est petit et inégal.

Traitement. — Comme dans les coliques **Stercorales**, notre **Résolutif Météorifuge** fait merveille — et doit être administré de la même manière.

CONGESTION
POPLEXIE - COUP DE SANG
HYPÉRHÉMIE

Accumulation du sang dans une partie du corps.

Le poumon, le cerveau, la moelle épinière et l'intestin sont le plus souvent atteints de congestion.

Congestion Pulmonaire. — (Voir Pneumonie)

Congestion Cérébrale. — (Voir Vertige)

Congestion de la Moelle. — (Voir Paraplégie)

Congestion Intestinale. — (Voir Entérite)

CONJONCTIVITE
OPHTALMIE EXTERNE - BLÉPHARITE

C'est l'inflammation de la muqueuse qui tapisse le dedans des paupières et la partie apparente de l'oeil.

Les corps étrangers, les coups de fouet, les blessures certaines maladies de l'intestin, produisent la conjonctivite.

Dans cette maladie, les paupières sont gonflées, rouges; — l'oeil est fermé et larmoyant; bientôt la suppuration se montre à la surface des paupières.

Traitement. — Enlever les corps étrangers en renversant les paupières. — Empêcher l'animal de se frotter et la poussière de fourrage de pénétrer dans l'oeil. — Appliquer des compresses imbibées de décoction froide de **Poudre Tonique.** — La saignée de la veine de l'oeil (**Angulaire**), est souvent utile.

CONSTIPATION

Difficulté dans l'expulsion des excréments.

La constipation est produite par les fourrages secs; — par l'enveloppe des grains de blé **(Balles)**; par le changement brusque de nourriture (du **Vert** au **Sec**); le passage subit au repos, après avoir longtemps fatigué. — Elle est souvent le symptôme d'une autre maladie.

Les animaux constipés rendent des excréments secs en petite quantité. — Ils font souvent des efforts inutiles ou ne rendent qu'un peu de glaire verdâtre, répandant une odeur fétide. — Le ventre est dur et douloureux. — On sent quelquefois, en le comprimant avec les mains, une masse dure, mobile, formée par les excréments.

Traitement. — Lavements tièdes d'eau de savon et d'huile. — Donner au chien de 20 à 60 grammes d'huile de ricin, des boissons miellées, de la viande crue, des lavements d'eau de mauve et au besoin des lavements purgatifs. — Chez les autres animaux, mêmes lavements, barbottages au sulfate de soude (150 grammes par jour pendant plusieurs jours), — fourrage vert, — promenade ou travail léger.

CONTUSION

COUP - COUP DE PIED - MEURTRISSURE

La contusion est une blessure accompagnée de déchirure ou d'écrasement de la peau et des parties qu'elle recouvre

Les animaux, par la nature de leurs travaux, y sont très exposés.

La pression considérable des harnais, de la selle; les chutes, les coups de pied, de pierre, de bâton; les violences extérieures, en sont les causes les plus ordinaires. Quand la contusion est légère, elle n'affecte que les tissus superficiels; la peau devient douloureuse et conserve pendant quelques temps de la sensibilité. — Lorsque la contusion est plus forte, la partie s'infiltre et s'enflamme au point de produire des grosseurs molles et insensibles qui se montrent tout d'un coup et qui, négligées, forment des abcès. Les fortes contusions peuvent déchirer les muscles, les vaisseaux, fêler et même fracturer les os et produire une désorganisation des tissus, quelquefois suivie de gangrène.

Traitement. — Lorsque la contusion est légère et peu étendue, elle disparaît à l'aide de deux ou trois frictions de **Résolutif Météorifuge** et du repos de la partie malade. — Mais si la contusion est plus forte, il faut modérer l'irritation par les bains ou les irrigations continues d'eau froide, — ou bien par l'application de charges d'argile, de vinaigre et de **Poudre Tonique** souvent renouvelées — Si la contusion était encore plus grave (**Coup de pied**) il faudrait, pour éviter la carie des os, la formation des fistules ou d'abcès faire deux ou trois frictions de **Révulsif Universel**, distancées les unes des autres de 10 heures. — S'il y a tendance à la formation de dépôts, ces frictions les font promptement mûrir. — En général il faut se garder d'ouvrir (**Inciser ou Ponctionner**) les grosseurs produites par des contusions.

COR

C'est la mortification de la peau sur un point limité.

Le cor se produit dans les endroits ou le harnais mal rembourré appuie trop fortement. — Chez le boeuf, l'appui trop longtemps continué du joug, le fait naître à la partie supérieure du cou.

La partie de la peau mortifiée est dépourvue de poils et ressemble à du cuir tanné. — Elle a une couleur noire ou violacée. — Autour se creuse un sillon qui sépare le cor de la chair vive. — Le cor est parfois profond et comme porté sur une tige; alors il existe à son pourtour un engorgement douloureux.

Traitement. — Soins de propreté. — Aider le détachement du cor, afin d'obtenir une plaie simple. Pour cela ; il suffit de l'arroser légèrement de **Résolutif Météorifuge** et de la saupoudrer ensuite de **Poudre Tonique.**

Il ne faut pas arracher les cors avec violence. — Modifier le harnais, cause du mal.

La plaie qui résulte de la chute du cor, doit être pansée avec la **Poudre Tonique** et recouverte de coton hydrophile.

CORNAGE
SIFFLAGE - HALLEY

On appelle ainsi le bruit que certains animaux font entendre en respirant et qui est semblable à celui qui se produit en soufflant dans une corne.

Le cornage indique le plus souvent un obstacle au passage de l'air dans les voies respiratoires; — d'autrefois il est produit par certaines maladies.

Les chevaux à tête busquée y sont sujets.

Le cornage est aigu ou chronique suivant qu'il accompagne une maladie récente ou ancienne. — Il n'est pas toujours continu.

Il se montre surtout pendant l'exercice, les courses rapides, les efforts de tirage.

Pendant qu'on entend le cornage, les flancs de l'animal sont agités, la respiration est très pénible. — L'animal est menacé d'asphyxie.

Traitement. — Le cornage aigu étant le symptôme d'une maladie, disparaît avec elle. — Le cornage chronique est incurable. — La loi du 20 Mai 1838 l'a placé au nombre des vices rédhibitoires.

CORYZA
RHINITE - CATARRHE NASAL
RHUME DE CERVEAU - ENCHIFRÈNEMENT

On appelle ainsi l'inflammation de la membrane (Muqueuse) qui tapisse l'intérieur du nez.

Le coryza s'observe chez tous les animaux et se complique souvent d'angine.

L'air froid et humide — les poussières irritantes des routes (surtout chez le mouton) — les arrêts de transpiration — les gaz dégagés par les fumiers, le produisent.

On distingue deux sortes de coryza: le coryza Gangreneux, maladie grave et spéciale du boeuf, que nous décrivons sous le nom de **Mal de Tête**, de **Contagion** (Voir ces mots) et le coryza Simple.

Coryza Simple. — Les symptômes et le traitement du coryza simple sont les mêmes que ceux de l'angine (voir ce mot).

COURBE

Grosseur osseuse qui se trouve en dedans et au bas du jarret. — Les coups, les violents efforts de tirage, produisent la courbe. — La courbe est ordinairement insensible, dure et plus ou moins volumineuse. — Elle fait généralement boiter.

Traitement. — Si la courbe est récente, deux ou trois frictions de **Révulsif Universel** suffisent pour la dissiper ; si, au contraire elle est ancienne, le feu en pointe la fait disparaître ou arrête son accroissement.

CRAPAUD
CARCINOME - CANCER

Ulcère rongeant, d'un aspect hideux, qui apparaît sur la fourchette et s'étend sous la sole et les talons en décollant la corne.

Le crapaud est propre au cheval et au mulet. Il attaque plus souvent les pieds de derrière que ceux de devant.

Les chevaux qui ont la peau épaisse, les poils abondants et grossiers ; les pieds plats, larges, à fourchette volumineuse ; ceux qui sont mous, qui ont les chairs empâtées, y sont plus sujets.

Le crapaud débute lentement par un ramollissement de la fourchette qui s'étend au talon et à la sole et finit par envahir le sabot tout entier au point de mettre l'animal hors de service.

Les décollements de corne mettent à nu des chairs blanchâtres, irrégulières, d'un aspect repoussant **(Fiscs)**. — Ces chairs suppurent et exhalent une odeur infecte.

Traitement. — Mettre le mal à nu en enlevant les parties de corne décollées et amincir autour. Exciser les chairs

FERRURE PATHOLOGIQUE

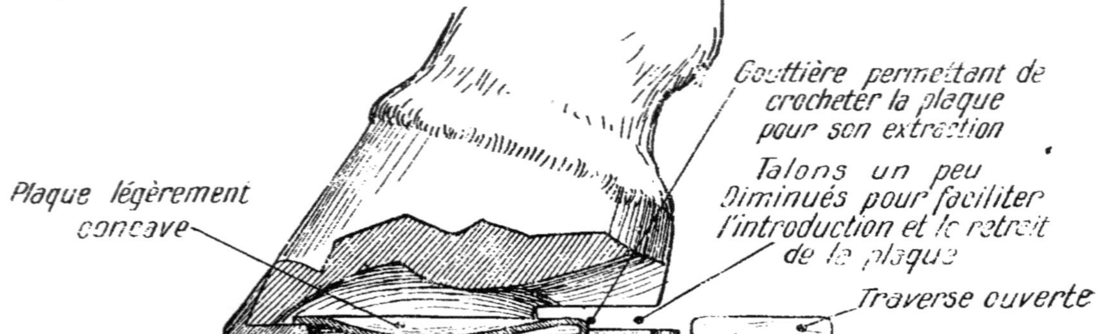

COUPE SUIVANT A. B.

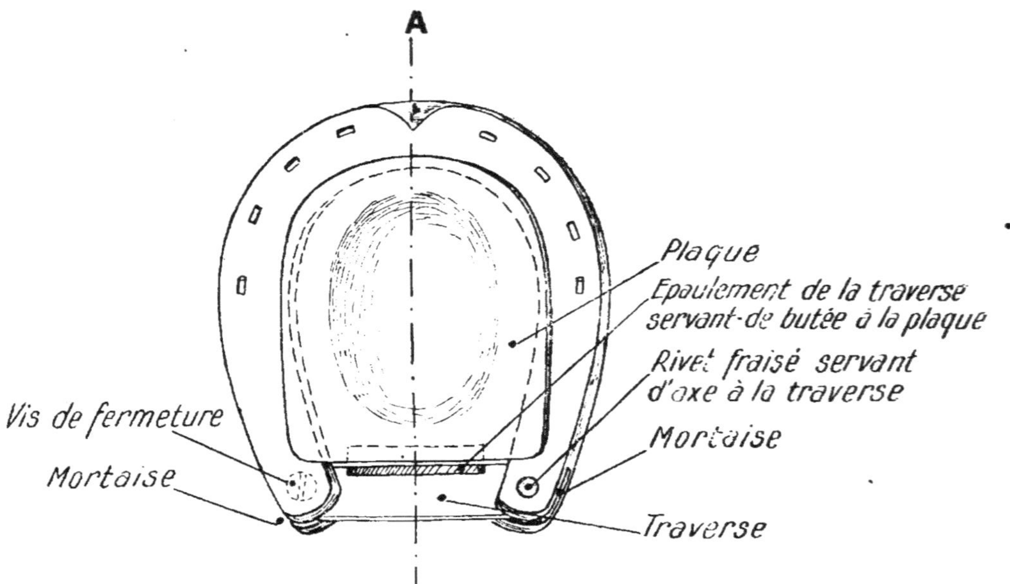

FER A PLAQUE (*Système H. ALBERT*)

Clou de Rue — Crapaud — Fourmilière
Plaies de la Fourchette et de la Sole

fongueuses ou Fiscs, afin de donner aux parties malades leur volume et leurs formes naturelles. — Panser ensuite avec la **Poudre Tonique**, en ayant soin de comprimer fortement et régulièrement avec une étoupade maintenue par un fer avec une plaque à coulisse, ou mieux encore, par des demi-plaques retenues par une traverse (**Éclisses**).

L'emploi du fer à plaque système H. ALBERT est des plus recommandable. En plus de la facilité que ce fer donne pour enlever ou pour remettre la plaque; celle-ci, une fois mise en place, est complètement immobilisée par son dispositif de verrouillage. Un simple tournevis suffit pour ouvrir ou fermer la traverse. Ce système permet de renouveler le pansement tous les jours sans toucher au fer.

Au deuxième pansement et suivants, il faut de nouveau saupoudrer la plaie avec la **Poudre Tonique** et l'arroser de liniment **Antipsorique**, puis comprimer fortement et régulièrement avec l'étoupade maintenue par les éclisses.

Au troisième pansement (3me jour), on trouve les tissus recouverts d'une légère couche de corne blanche, qu'il faut chercher à détacher dans les endroits où elle ne tient pas.

Chaque jour on recommence le même pansement à la **Poudre Tonique** et à l'**Antipsorique**.

Si, par ces pansements compressifs, les fiscs se reproduisaient, il faudrait pour les réprimer, faire deux ou trois pansements avec l'**Onguent Détersif** puis revenir aux pansements à la **Poudre Tonique** et au liniment **Antipsorique**.

Ce traitement est toujours couronné de succès, si les pansements sont faits régulièrement et tous les jours.

Pour venir en aide à ces moyens, il est utile de donner une bonne nourriture: fourrages de prairies artificielles et grains; — sel de nitre dans les boissons — écurie propre; bien aérée; — faire travailler au pas.

CRAPAUDINE
MAL D'ANE

Inflammation chronique du bourrelet ou organe formateur du sabot.

La crapaudine est aussi appelée Mal d'Ane parce qu'elle

est plus fréquente chez l'âne que chez le cheval et le mulet.

Cette maladie est vraisemblablement due à l'infection des parties atteintes.

On reconnaît la crapaudine à la déformation de la corne et aux crevasses transversales, profondes et rapprochées, qui la sillonnent ; ce qui donne au sabot l'aspect d'une écorce rugueuse de vieil arbre.

Ces crevasses se creusent quelquefois jusqu'au vif et produisent une humeur âcre comparable à celle du crapaud. — Cette maladie a une marche très lente et sa guérison est souvent difficile.

Traitement. — Ramollir la corne par un cataplasme de mauve puis, amincir avec un instrument tranchant la corne fendillée qui recouvre le bourrelet et panser avec le liniment **Antipsorique.**

On recouvre ensuite le bourrelet d'une légère étoupade maintenue par quelques tours de bande qu'on humecte chaque jour de liniment **Antipsorique.**

Si ces moyens ne guérissent pas toujours, ils arrêtent les progrès du mal et permettent de faire travailler les animaux.

CREVASSES
MALANDRES - SOLANDRES

On appelle ainsi des fissures ou entamures de la peau du pli du paturon qui s'étendent parfois en arrière du bourrelet et au-dessus du canon.

Les **Malandres** et les **Solandres** ne diffèrent des crevasses que par le siège, qui est aux plis du genou et du jarret.

Fréquentes chez le cheval, on les observe aussi chez le boeuf.

Les crevasses sont communes en hiver.

Les fumiers, les boues âcres ; la malpropreté des membres les produisent. — Souvent elles se déclarent à la suite de l'opération des crins. — Les chevaux mous et chargés de poils grossiers, y sont plus exposés.

Les crevasses débutent par la douleur, la chaleur et la rougeur du pli du paturon.

FERRURE PATHOLOGIQUE

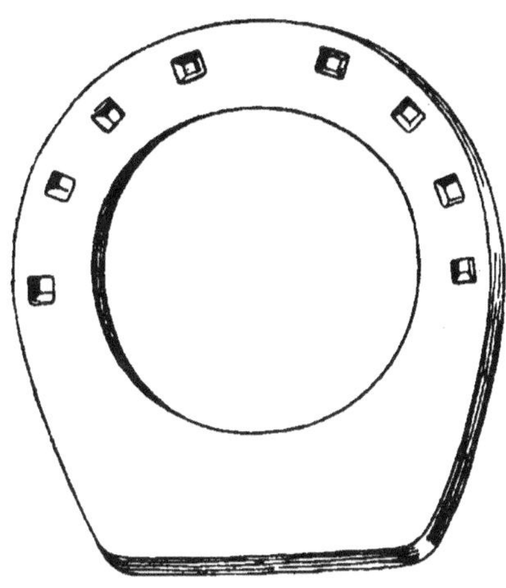

FER A PLANCHE

Bleime — Encastelure — Seime Quarte

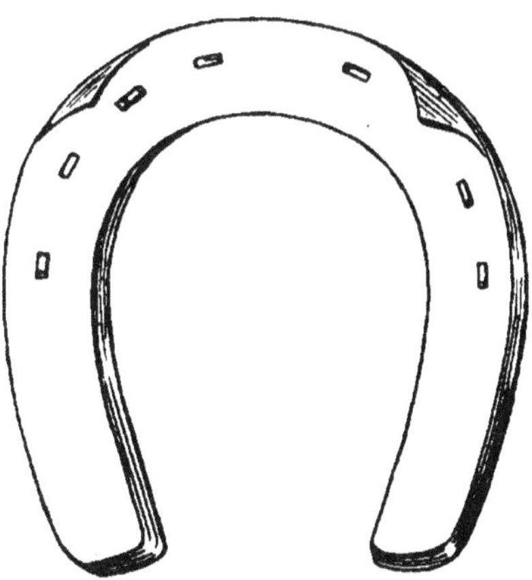

FER A DEUX PINÇONS
Seime en Pince

Bientôt apparaît un suintement de pus séreux et grisâtre;
— le boulet s'engorge ; — l'animal boite, puis la peau se
fendille et forme des plaies suppurantes à bords épais, qui
font beaucoup souffrir les animaux. — Quelquefois, au fond
des plaies, se forment de petits bourbillons.

Traitement. — Couper le poil de la plaie ; — appliquer
des cataplasmes de mauve, de farine de lin ou de miel et de
son mêlés ; — bains tièdes d'eau de son ou de mauve. —
Après lavage avec l'eau oxygénée au tiers ou la solution Iodée
ou Phéniquée, panser avec des compresses imbibées de **Résolutif Météorifuge.** — Repos. — Réduire les rations de
foin et d'avoine. — Barbottages nitrés ou au sulfate de soude.

Le traitement des malandres est le même, toutefois, si
elles se montraient rebelles, on emploierait le liniment **Antipsorique** en frictions légères.

CYSTITE
CATARRHE DE LA VESSIE - GÉNESTADE

Inflammation de la vessie ; souvent d'origine infectieuse.

La cystite est plus fréquente chez les mâles que chez les
femelles.

Elle est produite par une nourriture trop échauffante ; —
par le séjour trop prolongé de l'urine dans la vessie ; — par
les coups ; — les chutes ; les violents efforts de tirage.

On la reconnaît à des coliques sourdes ; au besoin fréquent
d'uriner ; l'écoulement des urines se fait difficilement, goutte
à goutte, elles sont troubles ; l'apparition des urines rougeâtres et fétides indique un commencement de gangrène de
la muqueuse vésicale.

Dans le midi de la France, la cystite du mouton est appelée
Génestade parce qu'on l'attribue à l'usage des pousses de
genêt.

La Génestade est redoutable et fait périr beaucoup
d'animaux.

Traitement. — Tisane froide de graines de lin et de
figues nitrées, donnée souvent et à petites doses. — Eau de
goudron- — Sachet chaud de son ou de mauve sur les reins.
— Lavements de mucilage de graines de lin. — Breuvages

additionnés de 20 grammes de bicarbonate de soude. —
Donner à l'intérieur 5 à 10 grammes par jour d'acide salicylique pour modifier l'état de la muqueuse vésicale. — Petite
saignée. — Diète.

DANSE DE SAINT-GUY
(Voir Chorée)

DARTRES

Maladie de la peau caractérisée par des plaques formant
de petites élevures siégeant au front, aux joues, à l'encolure,
près des paupières, aux épaules, sur le dos, aux fesses et
accompagnées de démangeaisons intenses et de la chute des
poils.

Traitement. — Le même que celui de la gâle (voir ce mot)

DÉGOUT
(Voir Anorexie)

DENTS (Maladie des)

Le régime alimentaire des animaux est si simple, que les
maladies des dents sont rares et peu nombreuses.

Nous en distinguerons deux espèces : les **Irrégularités** et
la Carie.

Irrégularité des Dents. — Les animaux affectés de mauvaise denture ont les dents usées en biseau, soit en dedans,
soit en dehors; souvent aussi des pointes de dents (**Sur-
Dent**) blessent la langue ou la joue.

Dans ces deux cas, la trituration du fourrage est difficile
et n'arrive pas au degré voulu pour permettre à l'animal de
l'avaler; — il rejette alors l'aliment dans la mangeoire, sous
forme de bouchon.

Si on ne remédie pas promptement à cet état de chose, les animaux maigrissent à vue d'oeil.

Traitement. — Si les aspérités des dents ne sont pas trop prononcées, la râpe en a facilement raison. — Dans le cas contraire, il faut les faire sauter avec un long ciseau à froid et faire ensuite, mâcher la lime ou la râpe tous les jours, pendant quelques minutes.

Carie des Dents. — La dent cariée est noirâtre, répand une odeur infecte et occasionne une douleur assez vive pour gêner la mastication.

Traitement. — Cautériser la partie cariée avec le fer rouge ou bien, extraire la dent.

DIARRHÉE
DÉVOIEMENT - FOIRE - COURS DE VENTRE

Evacuation abondante par l'anus de matières glaireuses ou purulentes qui ne sont, le plus souvent, qu'un symptôme de l'entérite.

On l'observe fréquemment chez les jeunes animaux à la mamelle et élevés à l'étable.

Une mauvaise nourriture, un lait altéré, le froid, des aliments trop nourrissants, l'occasionnent.

L'animal atteint de diarrhée rejette par l'anus des matières filantes, jaunes ou grisâtres, quelquefois fétides. — Soif ardente ; — perte d'appétit.

Traitement. — Aliments en petite quantité et de facile digestion. — Couverture. — Tisane de riz toutes les trois heures, à laquelle on ajoute chaque fois, une cuillerée à soupe de **Poudre Tonique.** — Lavements d'amidon.

Oiseaux de Basse-cour. — La diarrhée des volailles est produite par le temps humide et par la nourriture herbacée mouillée.

Traitement. — Donner du grain : orge, avoine, sarrasin, chènevis et une pâté composée de pain émietté dans du vin blanc à laquelle on ajoute, par tête, une pincée de **Poudre Tonique.**

Lapin. — La diarrhée du lapin est produite par les aliments couverts de rosée ; — elle est souvent mortelle. — On aura toujours soin de cueillir le vert la veille et de le présenter aux animaux que lorsque la rosée ou l'excès d'humidité auront disparu.

Traitement. — Nourrir les malades avec des jeunes pousses de saule, de l'avoine et du pain grillé émietté, auquel on ajoute, par tête, une pincée de **Poudre Tonique**.

DURILLON

Corps dur, arrondi, attaché sous la peau, produit par le frottement trop rude des harnais.

Le durillon est ordinairement insensible et roulant sous la peau.

Traitement. — Inciser la peau pour extraire le durillon et panser la plaie avec la **Poudre Tonique** et le **Résolutif Météorifuge**.

DYSSENTERIE

Diarrhée sanguinolente qui n'est qu'une variété de l'entérite.

La dyssenterie est dûe à l'infection des voies digestives, causée par les mauvais aliments et les mauvaises boissons. — Elle est quelquefois épidémique.

Traitement. — Le même que pour la diarrhée (voir Diarrhée).

EAUX AUX JAMBES
GRAPPE - GREASE - ECZÉMA

Suintement d'humeur fétide sur la peau des parties inférieures des membres.

— Le cheval y est plus exposé que l'âne et le mulet.

— Les eaux aux jambes sont plus communs l'hiver que l'été.

— Les écuries humides, les boues âcres, les vapeurs irritantes, les occasionnent.

— Les chevaux mous, lymphatiques, à membres chargés de poils grossiers, y sont plus prédisposés.

Les premiers symptômes de ce mal sont : engorgement et raideur des membres ; — poil hérissé, puis suintement liquide et limpide ; douleur extrême. — Plus tard le suintement devient épais et fétide, — les poils hérissés tombent par plaque ; la peau est parsemée d'ulcères ; — à sa surface se montrent des excroissances irrégulières (Grappes, Poireaux) — la corne du sabot se ramollit et se détache ; — la douleur est alors excessive.

Traitement. — Les eaux aux jambes sont longues et difficiles à guérir. — Couper le poil et nettoyer la peau en la lotionnant trois ou quatre fois par jour avec une décoction de **Poudre Tonique.** — Après deux ou trois jours de ces lotions, appliquer l'**Onguent Détersif** et en continuer l'emploi jusqu'à complète guérison. — Sel de nitre dans boissons. — Séton au poitrail. — Bonne nourriture. — Travail au pas.

EBULLITION

URTICAIRE - ECHAUBOULURE

Congestion de la peau qui se couvre de boutons arrondis.

— C'est surtout au printemps et sur les jeunes chevaux qu'elle se montre.

— Les fourrages artificiels récemment récoltés ; une trop forte nourriture ; les chaleurs, en sont les causes.

— L'échauboulure est générale ou partielle. — Ses symptômes sont : apparition subite de boutons écartés les uns des autres, ne produisant ni douleur, ni démangeaison et disparaissant rapidement. — Quand les boutons persistent, ils finissent par se crever et laissent suinter un liquide séreux qui forment une croûte.

Traitement. — Petite saignée ; — régime rafraîchissant ; sulfate de soude dans les boissons, 200 grammes par jour ;

— lotions, sur les boutons, avec une décoction froide de **Poudre Tonique.**

ÉCART
EFFORT DE L'ÉPAULE - ENTROUVERTURE
FAUX-ÉCART

On appelle ainsi une boiterie dont le siège est à l'épaule. — On lui a donné le nom d'écart parce qu'on a supposé qu'elle était due à un violent effort par lequel le membre a été écarté de la poitrine. — Les faux pas, les glissades, les coups, sont les causes de l'écart.

Lorsque l'écart est récent, la douleur et la boiterie sont considérables et plus prononcées à la descente qu'à la montée. — Pendant la marche, le membre malade est jeté en dehors. — La pression des doigts sur les muscles de l'épaule cause de la souffrance. — Après exercice léger, la boiterie diminue pour devenir plus forte après le repos. Dans l'écart ancien, la douleur est moins apparente, le pied du membre malade appuie mieux sur le sol. — C'est à une boiterie chronique de l'épaule qu'il faut attribuer la **Boiterie Intermittente.**

Traitement. — Si l'écart est récent, une friction de **Révulsif Universel** suffit pour le dissiper. — S'il est chronique, agir plus énergiquement, en appliquant un séton sur l'épaule; On fait ensuite trois frictions de **Révulsif Universel** (une par jour) sur la pointe de l'épaule. — Si après 15 jours de ce traitement, le mal n'a pas entièrement disparu, une nouvelle friction révulsive devient nécessaire. — Laver souvent le séton. — Repos.

EFFORT

L'effort est une distension violente des muscles, des tendons et surtont des ligaments qui unissent les os entr'eux.

Les violents mouvements, les chutes, les ruades, les glissades, etc., l'occasionnent.

On distingue plusieurs sortes d'effort :

— L'Effort de l'Epaule. (voir Ecart)

— L'Effort du Boulet. (Voir Entorse)

— L'Effort des Reins. (Voir Lombago)

— L'Effort de la Hanche. (Voir Entorse de la Cuisse)

— L'Effort du Tendon. (Voir Nerf-Ferrure)

EMPHYSÈME
(Voir Pousse)

ENCASTELURE

Resserrement des quartiers et des talons du sabot.

— **Les chevaux de selle** de race arabe, espagnole et limousine, y sont plus sujets. — L'encastelure ne s'observe guère que sur les pieds de devant. — Elle produit souvent la boiterie. — Elle est dite **naturelle** lorsqu'elle dépend de la construction même du sabot ; — **accidentelle** quand elle est produite par une mauvaise ferrure.

Traitement. — Pour faciliter l'écartement des talons, laisser le pied libre en supprimant la ferrure et mettre les animaux au pâturage, ou bien appliquer le fer à lunette de Lafosse, qui laisse aux talons une complète liberté de mouvement. — Le fer à planche incurvé en contre-haut et permettant aux talons de se mouvoir comme sur une voûte facilite considérablement leur écartement et nous a toujours très bien réussi. — On peut aussi employer le fer à **pantoufle** dont la rive interne est plus épaisse que l'externe à partir de la dernière étampure, ce fer restant plat en pince et en mamelles. — Parer le pied en amincissant les arcs-boutants ; — appliquer des cataplasmes de mauve pendant quelques jours et faire travailler au pas.

ENCHEVÊTRURE
PRISE DE LONGE

Blessure faite par la longe, dans les plis du paturon.

Elle est plus commune aux paturons des membres de derrière et se produit quand les animaux cherchent à se frotter la tête ou la crinière avec leur pied.

Ordinairement l'enchevêtrure est une simple excoriation de la peau, — d'autrefois, il y a une plaie profonde qui fait boiter.

Traitement. — Repos absolu ; — compresse de décoction froide de **Poudre Tonique** ou bien, cataplasmes de miel et de son mêlés. — Si la plaie est profonde et d'un mauvais aspect, appliquer **l'Onguent Détersif**.

ENCHIFRÈNEMENT
(Voir Coryza)

ENCLOUURE
Piqûre

Blessure faite au pied du cheval ou du boeuf par un clou de la ferrure.

Cet accident se produit lorsque le maréchal broche les clous trop à gras ou lorsqu'une vieille souche fait dévier le clou.

Les chairs blessées s'enflamment, l'animal boîte, mais le plus souvent il cesse de boîter quand on a retiré le clou. — Quelquefois il y a formation de pus qui décolle la corne de la sole et de la paroi et pénêtre jusqu'à la couronne ; on dit alors que la matière a souffé au poil.

Traitement. — Déferrer et parer le pied ; — retirer le clou si on ne l'a déjà fait ; — amincir autour de la blessure et y verser quelques gouttes de **Résolutif Météorifuge**. — S'il y a boiterie donner des bains soutenus d'eau froide. — Si le pus est formé, lui donner issue en enlevant les parties de corne décollées, amincir autour et panser avec le **Résolutif Météorifuge** ou **l'Onguent Détersif**.

ENGOUEMENT DU JABOT

Obstruction de la deuxième partie de l'oesophage des oiseaux de basse-cour. Cette partie allant du jabot au gésier. Le jabot reste alors toujours plein.

Traitement. — Faire boire de l'huile. -- Si ce moyen échoue, on ouvre le jabot en incisant, on le vide, et avec une sonde flexible on essaie de dégager le passage, on recoud ensuite l'ouverture faite au jabot avec du fil de soie.

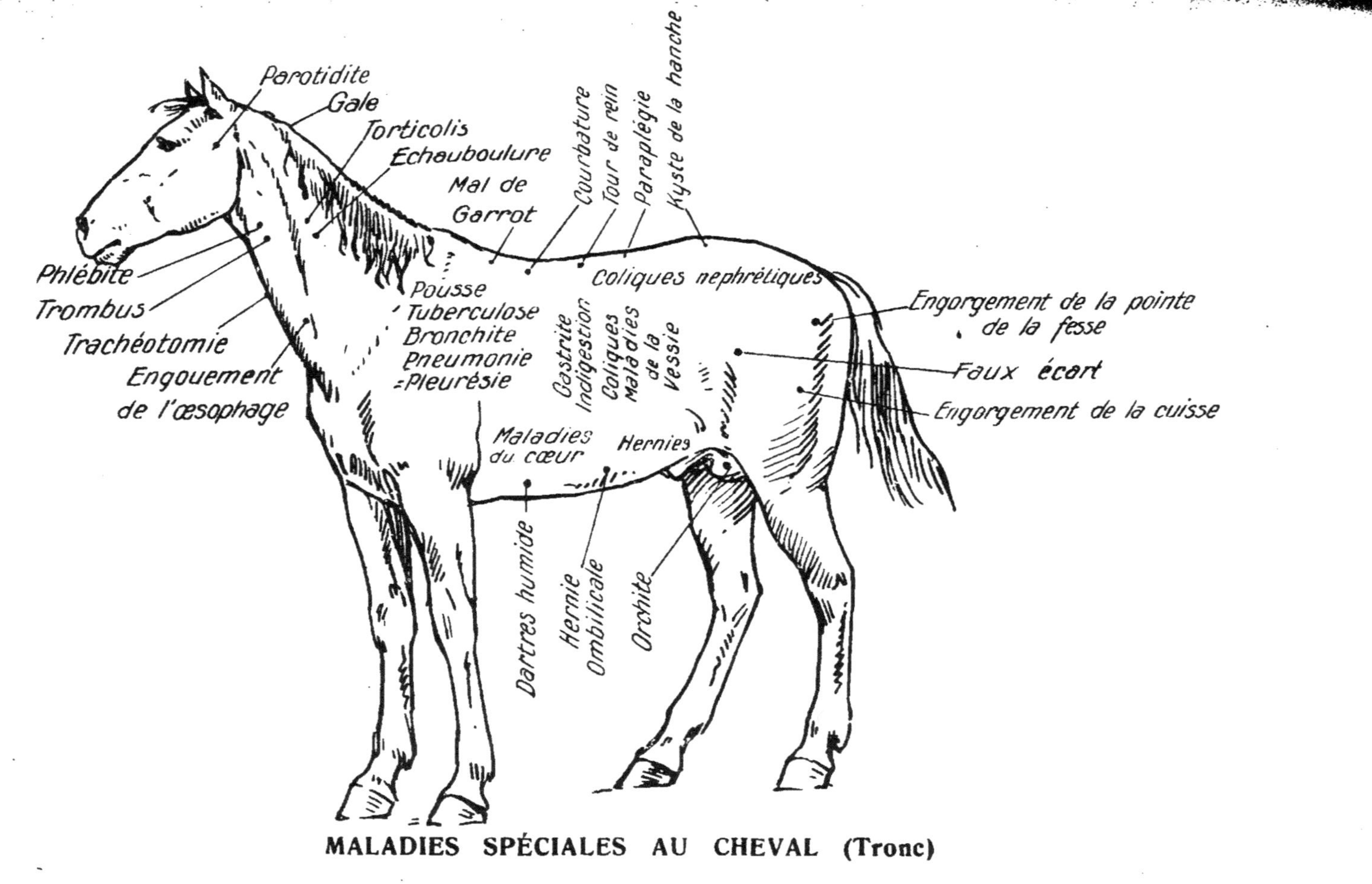

MALADIES SPÉCIALES AU CHEVAL (Tronc)

ENTÉRITE

Inflammation de l'intestin. — Elle est produite par les coups sur le ventre, les aliments de mauvaise qualité, les plantes vénéneuses, l'action du froid, etc.. On distingue dans l'inflammation de l'intestin :

1° L'ENTÉRITE AIGÜE OU ENTÉRO-COLITE.

Les signes qui la font connaître se montrent brusquement : Ventre gonflé et tendu; — coliques ; — excréments rares, fétides et enduits de matière visqueuses ; — pouls petit. — Si le mal s'aggrave, l'entérite devient alors sur-aigüe. — Dans ce cas, les coliques sont extrêmement violentes et appelées Coliques Sanguines ou Coliques Rouges.

Traitement. — Quand l'entérite aigüe est légère : demi-diète — boissons blanches avec 100 grammes de sulfate de soude ; tenir chaudement et au repos pendant quelques jours — Si elle est grave (**Coliques Rouges**), saignées et frictions de **Révulsif Universel** sous le ventre. — S'il n'y a pas de mieux au bout de six heures répéter la friction **Révulsive**. — Tisane de mauve, de graines de lin et de figues, un litre toutes les heures, auquel on ajoute une cuillerée à café de **Poudre Tonique** chaque fois, — s'il y a constipation ajouter à la tisane le sulfate de soude. — Promenade au pas.

2° ENTÉRITE CHRONIQUE

Elle est le plus souvent la suite de la précédente. — Ses symptômes sont moins accentués: Ventre tendu; flancs rétractés; Excréments coiffés et mêlés à du sang. — Il y a quelquefois diarrhée qui fait promptement maigrir les malades.

Traitement. — Excellente nourriture, mais en petite quantité. — Fourrage salé. — Donner, dans la journée, en deux fois, un litre de vin auquel on ajoute deux cuillerées à soupe de **Poudre Tonique.** — Promenade par le beau temps. — Bonne étrille.

3° ENTÉRITE DIARRHÉIQUE ET DYSSENTERIE OU FLUX INTESTINAL

Commune chez les jeunes poulains et chez les jeunes chiens

elle est quelquefois **épidémique chez le boeuf.** — Les indigestions répétées, les aliments avariés, les plantes âcres et, chez les poulains, le lait des mères en chaleur, produisent cette forme de l'entérite.

L'animal atteint éprouve, en rendant les **excréments, de** violentes coliques. — Les matières évacuées sont très liquides, verdâtres et fétides.

Chez les bêtes à cornes, la rumination cesse, la maigreur se produit rapidement. — Chez le chien la diarrhée est mêlée de sang.

L'entérite **Dyssentérique** ne diffère de la précédente que par des symptômes plus intenses.

Traitement. — Eau miellée, tisane de figues ou de graines de lin avec addition de **Poudre Tonique.** — Donner des aliments farineux demi-liquides. — Aux poulains, lait coupé d'eau de riz. — Aux chiens, tisane de riz et lavements d'amidon.

4° Entérite Couenneuse

Assez fréquente chez le boeuf, elle se montre au printemps, de préférence sur les animaux gras et diffère de l'entérite diarrhéique, en ce que les excréments sont glaireux et mêlés à des débris de fausses membranes grisâtres.

Traitement. — Au début, saignée ; — frictions de **Révulsif Universel** sous le ventre ; — sulfate de soude dans la tisane de mauve ou de graines de lin miellée ; barbottages farineux ; — thé de foin ; racines cuites ; bonne couverture.

ENTORSE
EFFORT

L'entorse est un tiraillement violent des muscles et des ligaments d'une jointure, qui peut être porté jusqu'à la déchirure.

Nous parlerons ici de l'entorse du **Boulet** et de celle de la **Cuisse** seulement, traitant de l'entorse des reins, de l'épaule et du tendon, sous les noms de **Lombago,** d'**Ecart** et de **Nerf Ferrure.** — *(voir ces mots)*

1º Entorse du Boulet. — Effort du Boulet

Fréquente chez le cheval, rare chez le boeuf, cette entorse est occasionnée par les chutes, les faux pas, le choc du pied contre un corps dur, etc. . .

Symptômes : pendant le repos, le membre est porté en avant ; pendant la marche, le boulet produit une secousse très apparente, espèce de soubresaut en avant, — le boulet est rarement chaud, douloureux et gonflé.

Traitement. — Au début, bains soutenus d'eau froide ou cataplasmes souvent renouvelés d'argile, de vinaigre et de **Poudre Tonique.** — Plus tard, frictions de **Révulsif Universel.** — Répéter ces frictions tous les 6 jours jusqu'à guérison. — Repos.

2º Entorse ou Effort de la Cuisse

Dans cette entorse, la boiterie est considérable. — Pendant la marche, le membre malade est jeté en dehors et exécute l'action de faucher. — La cuisse n'accuse aucune douleur à la pression des doigts, elle est quelquefois plus maigre. — La rupture ou déchirure des ligaments peut avoir lieu ; dans ce cas le mal est plus grave.

Traitement. — Il est absolument le même que celui de l'écart de l'épaule. (voir ce mot)

ENTR'OUVERTURE
(Voir Ecart)

EPARVIN

Grosseur de l'os (**Exostose**) qui se forme en dedans et à la base du jarret.

On en reconnaît deux espèces: l'Eparvin Sec et l'Eparvin Calleux.

1º Eparvin Sec

Maladie convulsive dont la cause est inconnue. — Il

consiste dans une flexion convulsive d'un membre de derrière, qui diminue par l'exercice.

Ce mouvement fait dire que l'animal harpe.

Dans cet Eparvin, le jarret ne présente aucune trace d'exostose.

2° EPARVIN CALLEUX OU DE BŒUF

Dans cet Eparvin, l'exostose existe ; elle est plus ou moins volumineuse et fait le plus souvent boiter. L'éparvin calleux est long à guérir.

Traitement. — Alimentation avec féverolles, avoine et paille. Frictions de **Révulsif Universel**. — Travail modéré au pas. Si ce moyen échoue, application du feu pénétrant en aiguilles de préférence.

EPILEPSIE
MAL CADUC – HAUT MAL – MAL SACRÉ

Maladie nerveuse périodique, caractérisée par la chute du corps suivie de convulsions.

Tous les animaux peuvent en être atteints. — Elle est produite par la frayeur, la colère, les contusions sur la tête, les maladies du cerveau.

Chez le chien, des vers intestinaux produisent souvent des accès **Epileptiformes.**

L'épilepsie se manifeste par des accès de courte durée.

L'animal tombe le plus ordinairement. — Il tremble, se raidit ou se débat dans des convulsions ; il râle, sa bouche écume, ses membres se contractent ; les yeux pirouettent dans les orbites ; il respire bruyamment et péniblement.

Il est des chevaux qui ne tombent pas ; Ils prennent un point d'appui contre un mur ou sur les brancards de la voiture. — Le chien a tout le corps raidi et fait entendre des plaintes. — Chez le porc, l'accès commence par un tremblement général.

L'accès disparu, l'animal se lève accablé et comme stupide quelques instants après, le calme et la santé reparaissent.

— 68 —

L'intervalle qui sépare les attaques varie.

L'épilepsie est comprise parmi les vices **Rédhibitoires** avec 30 jours de garantie chez le cheval et le boeuf.

Traitement. — L'épilepsie est incurable. — Chez le chien lorsqu'elle est due à la présence de vers intestinaux, 50 grammes d'huile de ricin rétablissent la santé, en expulsant les vers.

Chez le cheval ou le boeuf, quand l'épilepsie est due aux vers intestinaux ; les anthelminthiques ont souvent procuré la guérison. Dans ce cas administrer une cuillerée à soupe de **Résolutif Météorifuge dans de l'eau froide.** On cite encore l'huile empyreumatique à la dose de 20 grammes ; la valériane, 25 grammes en infusion ; l'Assa-foetida en poudre, 20 grammes ; les infusions de camomille et de tanaisie.

EPONGE

Grosseur qui se forme sur la pointe du coude, chez les animaux qui se couchent en vache.

Elle est causée par les contusions répétées de l'éponge ou extrémité du fer, ce qui lui a valu son nom.

L'éponge est aigüe ou chronique. — Aigüe, la tumeur est molle et finit le plus souvent par former un dépôt. — **Chronique,** la grosseur est dure et semble formée de graisse ; — Quelquefois sa surface présente un cor ou des plaies irrégulières.

Traitement. — Raccourcir les éponges du fer, surtout celle du dedans. — Envelopper le pied pendant le séjour à l'écurie, d'un bandage épais. — Faire des frictions de **Résolutif Météorifuge** au début. — Plus tard, frictions de **Révulsif Universel.** — S'il s'est formé un dépôt dans l'éponge, l'ouvrir avec une pointe de feu.

ERYSIPÈLE

Inflammation aigüe de la peau due à une infection microbienne, caractérisée par sa vive rougeur, sa dureté et son gonflement.

L'érysipèle est produit par un soleil trop ardent, par des contusions, des piqûres d'animaux venimeux, des arrêts de transpiration ; le sarrazin en fleurs mangé par le mouton, favorisent souvent l'érysipèle.

L'érysipèle atteint tous les animaux ; il est fréquent chez le mouton et le chien ; rare chez le boeuf. — Il affecte plusieurs formes : il est simple lorsqu'il est formé par des plaques d'un rouge foncé, produisant une vive démangeaison ; **Ambulant**, lorsqu'il change de place ; **Gangreneux**, lorsqu'il se termine par la gangrène.

L'érysipèle Gangreneux encore appelé Mal Rouge, Feu Sacré, Feu St-Antoine, attaque principalement les bêtes à laine et le porc ; il est contagieux.

Symptômes : fièvre ; teinte rouge violacée de la peau ; — grande démangeaison puis, arrive un gonflement général qu corps et la gangrène, qui souvent produit la mort en quelques heures.

Traitement. — Dans l'érysipèle simple, la diète, une petite saignée, des boissons nitrées ou au sulfate de soude et quelques frictions de **Résolutif Météorifuge**, le font promptement disparaître.

L'érysipèle gangreneux doit être traité comme le charbon. (voir ce mot)

ETONNEMENT DU SABOT

Ebranlement du sabot propuit par le heurt du pied contre un corps dur.

Symptômes : pied chaud, douloureux ; — boiterie.

Traitement. — Bains d'eau froide ou application d'argile, de vinaigre et de **Poudre Tonique** mêlés. Frictions au boulet de **Résolutif Météorifuge**

EXCROISSANCES DES PATTES

Ces excroissances sont fréquentes sur les pattes des oiseaux de basse-cour.

Traitement. — Badigeonnage des excroissances avec de l'Acide Chlorydrique.

ÉTOUFFEMENT

Il arrive fréquemment de voir les oies soumises à l'engraissement, prises d'une telle difficulté pour respirer, qu'elles menacent de s'étouffer.

Traitement. — Consiste à les saigner à une veine, très superficielle et très apparente, qui se trouve située entre les doigts du pied.

ÉVENTRATION

Plaie de l'abdomen avec hernie de l'intestin. – (Voir Hernie)

EXOSTOSE

Grosseur osseuse à la surface des os.

— Les exostoses ont des noms différents suivant les parties qu'elles occupent. — Nous les décrivons sous les noms de Jarde, Eparvin, Courbe, Forme, Suros, etc.. (Voir ces mots)

FARCIN
ENGÉIOLEUCITE

Maladie de même nature que la morve, d'origine microbienne, se présentant sous des formes varices, telles que : boutons, cordes, engorgements et plaies ulcéreuses.

— On l'observe fréquemment chez le cheval, rarement sur l'âne et le mulet et plus rarement encore sur le boeuf,

— **Causes** : Elles sont mal déterminées. — Les écuries basses et humides, les fourrages de mauvaise qualité ; les boissons insalubres, les arrêts de transpiration, y prédisposent les animaux.

— La contagion est la cause certaine de sa transmission.

— Placé sous la peau ou dans son épaisseur, le farcin se montre plus particulièrement à la tête, aux membres, à l'aine, au poitrail et suit ordinairement le trajet des grosses veines. Néanmoins, il se présente un peu partout, même à l'oeil.

— Les boutons farcineux se montrent de préférence au plat des cuisses, sous le ventre et à la tête. Ils n'apparaissent pas tous à la fois. — Ils sont arrondis, isolés ou forment une sorte de chapelet. — Les uns se ramollissent et donnent issue à du pus. — Après leur ramollissement, se forment des plaies irrégulières, de mauvaise nature, à bord renversé, donnant un pus jaunâtre et fétide; c'est l'Ulcère Farcineux. — Lorsque les boutons farcineux sont localisés, les animaux conservent l'apparence de la santé; mais lorsque le mal s'étend sur plusieurs points à la fois et devient général, la faiblesse et la maigreur, accompagnées d'infiltrations séreuses, se produisent. — Quelquefois alors la Morve apparaît.

— Les tumeurs ou cordes farcineuses sont dures, indolentes, de formes cylindriques et finissent par s'abcéder sur plusieurs points ponr donner lieu à de nouveaux ulcères.

— Le farcin est classé parmi les vices rédhibitoires (Loi du 20 Mai 1838).

Traitement. — Le farcin étant contagieux, il faut se hâter d'isoler l'animal qui en est atteint.

Le farcin local est guérissable; il ne l'est pas lorqu'il est devenu général. — Dans ce cas, mieux vaut sacrifier l'animal.

—· Au début, pour dissiper les tumeurs farcineuses, il faut employer les frictions de **Révulsif Universel**. — Lorsqu'on a à faire à des boutons abcèdés ou ulcérés, il faut les cautériser profondément avec le fer rouge et panser ensuite les plaies avec la décoction de **Poudre Tonique** et les saupoudrer de cette même poudre.

Pendant ce traitement, donner une bonne nourriture : fourrages artificiels ou de prairies hautes et les saler; grains; boissons rouillées ou ferrées ; écuries propres et bien aérées ; travail léger

FAUX CHARBON

Maladie spéciale au porc, caractérisée par des tumeurs de la dimension de la main, ou par des plaques noirâtres, violacées, sur le cou — les épaules — le dos, apparaissant spontanément, du jour au lendemain. — Fièvre intense. — perte d'appétit et constipation.

— L'animal se cache sous la litière, — recherche les endroits frais, — se tient difficilement debout — tremblement

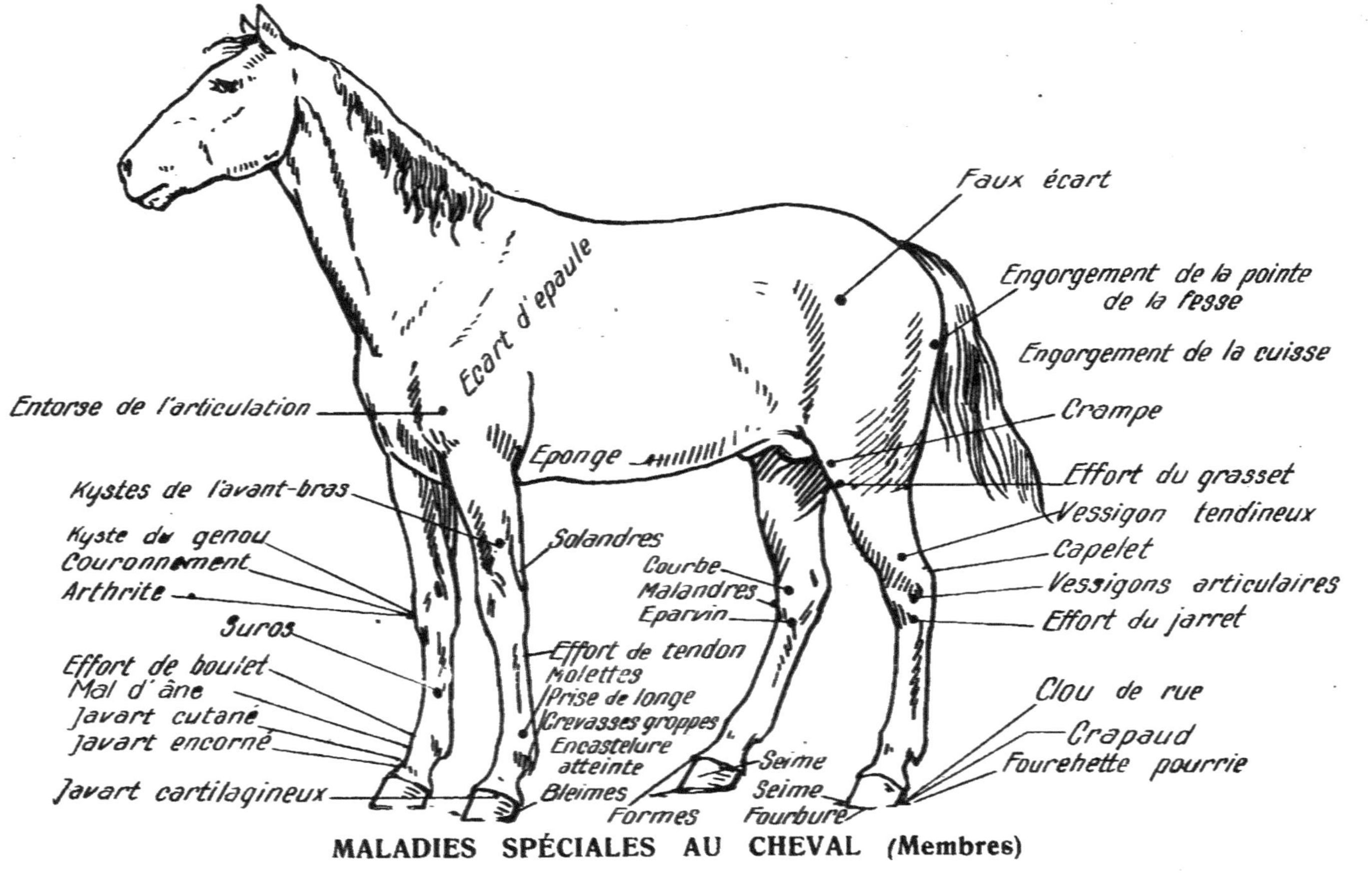

MALADIES SPÉCIALES AU CHEVAL (Membres)

des membres postérieurs — et paralysie de l'arrière-train si l'animal n'est pas saigné à temps.

— **Traitement.** — Saignée à la queue. — Friction générale de farine de moutarde le matin, le soir et le lendemain matin seulement.

— Cette maladie étant épidémique, isoler les malades. — Désinfecter leur loge par des fumigations de goudron, pulvérisation de crésyl. — Blanchir à la chaux. S'il y a constipation, lavements d'eau salée trois fois par jour.

FAUX PIÉTIN

Echauffement de la fourchette et des talons chez les moutons, cette affection se rencontre surtout chez les moutons des Landes, habitués à marcher dans les terrains sablonneux, quand ils sont transportés dans des pays à sol argileux.

Traitement. — Lavage de la plaie avec une solution antiseptique et badigeonnage quotidien avec le **Résolutif Météorifuge.**

FICS
VERRUES - POIREAUX

Excroissances charnues, arrondies et étranglées à la base, de nature lardacée (Squirrheuse).

— Les causes qui les produisent sont inconnues. — Les fics, comme les verrues, se montrent sur tout les points de la surface du corps, mais le plus ordinairement aux paupières, vers l'anus, le fourreau. — L'âne et le mulet y sont plus sujets que le cheval.

Tantôt réunis en masse plus ou moins considérable, tantôt isolés, les fics forment des grosseurs bosselées, dures, quelquefois molles et saignant au moindre attouchement. — Souvent il en suinte une humeur âcre et fétide.

Traitement. — Lorsque le fics a une base étroite, on le coupe avec les ciseaux et on saupoudre la plaie qui en résulte avec de la **Poudre Tonique** ou bien on l'étrangle avec un fil ciré qu'on serre fortement. — Lorsque le fics a des racines profondes et la base large, il faut l'extirper en entier ; on cautérise ensuite la plaie au fer rouge et on la saupoudrer, les jours suivants, de **Poudre Tonique.**

Même traitement pour les verrues.

FIÈVRE APHTEUSE
COCOTTE - STOMATITE APHTEUSE

C'est une maladie épidémique (épizootique), contagieuse, caractérisée par des aphtes ou ulcères qui se forment dans la bouche et entre les ongles du boeuf, du mouton et du porc.

-- La fièvre aphteuse se montre à toute saison et frappe indistinctement les animaux gras et les maigres. — Les causes qui la produisent sont inconnues; elle ne se développe et ne se propage que par la contagion.

— Elle débute par un peu de fièvre, de tristesse, des frissons, le manque d'appétit; le bout du nez et la bouche deviennent secs.

Au bout de trois jours, des boutons ou ampoules se forment dans la bouche, entre les onglons, quelquefois sur le mufle et aux mamelles. — L'animal bâve beaucoup, ne peut manger et marche difficilement; puis les ampoules se crèvent, il en résulte des plaies irrégulières (ulcères) qui suppurent; ces plaies ulcéreuses sont recouvertes d'une peau épaisse et blanchâtre entre les onglons, la corne se décolle.

Traitement. — La bouche et les pieds de l'animal malade doivent être soigneusement lotionnés 3 ou 4 fois par jour avec une décoction froide de **Poudre Tonique** dans laquelle on aura fait dissoudre à chaud 3 cuillerées à soupe d'acide salicylique pour 5 litres de décoction. — Saupoudrer le haut des sabots avec un mélange à parties égales de **Poudre Tonique** et d'acide salicylique pulvérisé. Pour les ulcérations des mamelles, onctions avec l'onguent populéum ou l'huile d'olive tiède mêlée avec un peu de **Poudre Tonique.** — Pour les ampoules des pieds, appliquer tous les jours l'**Onguent Détersif** pendant quelques jours. — Traire souvent et avec douceur. — Séparer les animaux sains des malades. — Donner de bons aliments et de facile digestion: thé de foin avec addition de farineux, racines cuites; — boissons tièdes et miellées auxquelles on ajoute, chaque jour, 150 grammes de sulfate de soude. — Etables rigoureusement propres, arroser le fumier avec de l'eau salicylée à raison de 1 gramme d'acide salicylique par litre.

FIÈVRE VITULAIRE
FIÈVRE DE LAIT

Chez certaines vaches, très bonnes laitières, l'accouchement est suivi d'une fièvre intense. — Elle se manifeste vingt-quatre ou quarante-huit heures après la délivrance, par de légers frissons ; les mamelles flasques ; — les paupières baissées ; — la respiration accélérée ; — les cornes alternativement chaudes et froides ; — le mufle est sec.

Quelques heures après, les membres sont atteints de mouvements convulsifs, la malade chancelle et tombe. — Elle se tient alors couchée sur le flanc, la tête repliée sur l'épaule ; — les mamelles sont flétries et ne donnent presque pas de lait. — La paralysie survient ensuite progressivement.

Traitement. — La guérison rapide est obtenue en insufflant de l'air dans les mamelles par les trayons, jusqu'à ce que le pis soit très dur et résonne comme un tambour.

Mode Opératoire. — On se sert d'une pompe à bicyclette à laquelle on adapte un tube de caoutchouc terminé à son extrémité par un trayeur Américain (petit tube en os) qui est introduit successivement dans le trayon de chaque mamelle que l'on gonfle, ce tube facilite le passage de l'air venant de la pompe.

Trois ou quatre heures après cette opération, l'animal se lève et se met à manger.

Le jour suivant une mammite se déclare (voir ce mot). On la soigne par le traitement indiqué. — Traire souvent pour rétablir la sécrétion lactée, qui ne tardera pas à revenir.

Barbottages, pendant quelques jours, jusqu'à ce que la rumination soit bien rétablie et que le lait soit abondant.

FISTULE

Ulcère ayant la forme d'un canal étroit, plus ou moins profond, s'ouvrant à la surface de la peau ou d'une plaie.

— Les fistules sont produites par tout ce qui entretient la suppuration ou fait sortir de leurs conduits ou réservoirs, la salive, les larmes, les urines ; de là la distinction des fistules en fistule salivaire, lacrymale, urinaire, etc. . . On les observe à la suite des abcès, des caries et des fractures des os.

L'ouverture de la fistule est ordinairement épaisse et laisse s'écouler un pus plus ou moins rougeâtre ou bien des larmes, de la salive en nature.

Traitement. — Lorsque la fistule intéresse des parties molles ou est placée près d'une jointure, les frictions de **Révulsif Universel** faites sur une assez large surface, produisent la guérison. — Si la fistule est entretenue par des corps étrangers, il faut les extraire ou cautériser le trajet fistuleux au fer rouge. Ce dernier moyen réussit surtout très bien dans les fistules des os ou des cartilages, entretenues par la carie ou nécrose. — Les injections de **Révulsif Universel** dans les fistules rebelles, sont très efficaces.

FLUXION DE POITRINE

Inflammation aigüe du poumon (voir Pneumonie, Pleurésie).

FLUXION PÉRIODIQUE DES YEUX
FLUXION LUNATIQUE

Voir Ophtalmie périodique.

FORMES
FORMELLES

Grosseur osseuse qui se développe sur l'os de la couronne.

— Plus fréquentes sur les pieds de devant que sur ceux de derrière, les formes se montrent ordinairement de chaque côté du pied, au dessus du bourrelet. — Les animaux qui ont les sabots volumineux y sont plus exposés.

— Elles sont produites par des offenses extérieures et par l'état constitutionnel de certains animaux. — Une mauvaise ferrure contribue à leur développement. — Les formes consistent dans des grosseurs dures, non attachées à la peau qui les recouvre et qui, arrivées à un certain volume, occasionnent la boiterie, déforment le sabot et le rendent plus petit.

Traitement. — Les formes commençantes sont traitées avec succès par les frictions de **Révulsif Universel**, répétées tous les huit jours, en ayant la précaution de graisser au préalable, le bourrelet, pour le préserver des effets du révulsif. — Lorsque les formes sont anciennes, appliquer le feu pénétrant. — Dans tous les cas, mettre un fer à planche.

FOURBURE

FOURBATURE - APOPLEXIE DU SABOT

Accumulation du sang dans le sabot (Congestion).

— La fourbure est particulière aux animaux dont le pied se termine par une boîte cornée.

— Elle se montre plus souvent aux pieds de devant qu'à ceux de derrière.

Les causes de la fourbure sont : une nourriture trop échauffante prise en trop grande quantité (avoine, orge et autres grains) ; un travail excessif sur le pavé ou sur un terrain dur ; surtout par un temps chaud ; une mauvaise ferrure. — Les indigestions produisent quelquefois la fourbure.

— La fourbure peut être aigüe ou chronique.

1º Fourbure Aigüe

Au début, malaise exprimé par la face grippée, le battement du flanc et une surexcitation nerveuse. — Pouls fort, tendu et vite ; puis le sabot devient chaud et sensible ; — difficulté extrême pour marcher, surtout pour reculer. — L'animal fourbu de devant allonge, pendant la marche, les pieds malades afin que le talon appuie le premier ; les membres de derrière s'engagent fortement sous le ventre pour soulager les membres malades ; — si les membres de derrière sont fourbus, les quatre membres sont rapprochés, l'animal se couche souvent.

Traitement. — Au début, saignée au cou de 3 à 4 litres ; bains d'eau froide de deux heures, deux fois par jour ; — à chaque sortie de l'eau froide, promenade d'une demi-heure sur un terrain mou et frais. — Peu de nourriture ; barbottages nitrés ou au sulfate de soude (150 grammes par jour) ; Si on ne peut donner des bains, appliquer sur les membres le mélange d'argile, de vinaigre et de **Poudre Tonique**. Renouveler souvent ces applications sans enlever les premières,

afin de les maintenir toujours fraîches. — Ces applications
d'argile sont très utiles dans l'intervalle des bains, pendant
le repos à l'écurie

2° Fourbure Chronique

— Si au bout de 8 à 10 jours la fourbure aigüe n'est pas
guérie, elle passe à l'état chronique ; alors la fièvre disparaît
mais la marche continue d'être difficile, et l'appui des pieds
malades se fait d'abord au talon, puis sur les autres parties ;
le sabot se déforme ; des cercles saillants se forment au bourrelet ; l'os du pied change de direction et produit sur la sole
une trace demi-circulaire appelée **Croissant** ; la sole devient
bombée, la paroi s'allonge et se relève en pince. — La fourmillière vient souvent compliquer cet état.

Traitement. — Les déformations que nous venons d'indiquer rendent la fourbure chronique incurable. — Une ferrure méthodique seule peut permettre d'utiliser les animaux
au pas ; si la sole est bombée, on la pare le plus possible et on
applique un fer couvert et fortement ajusté.

— Au début de la fourbure chronique, c'est-à-dire avant
que le sabot soit déformé, les frictions de **Révulsif Universel**
faites au-dessus du bourrelet, produisent d'excellents effets.

FOURCHET
LIMACE

Maladie qui attaque le pied du mouton et qui consiste dans
l'inflammation du repli de la peau qui existe entre les deux
onglons (canal biflexe).

— L'introduction de graviers, de terre ou autres corps
étrangers entre les onglons, produisent le fourchet.

— Le mal envahit promptement le canal du fourchet, s'é-
tend à la couronne et au paturon ; la douleur devient extrême ; le pied malade appuie difficilement sur le sol ; puis il se
forme des abcès qui donnent une humeur fétide, bientôt suivie de l'ulcération du canal.

Traitement. — Au début ; il faut inciser le repli gonflé
de la peau des deux onglons et laisser saigner, puis appliquer des compresses de décoction froide de **Poudre Tonique**
et les renouveler chaque jour ; s'il y a abcès, les panser avec
le **Résolutif Météorifuge**. — s'il y a ulcération du canal,
quelques applications d'**Onguent Détersif** suffisent pour la
faire disparaître.

FOURCHETTE
ÉCHAUFFÉE ET POURRIE

Suintement de pus noirâtre, d'odeur forte et désagréable qui se produit dans le vide que la fourchette présente en arrière.

— La fourchette est dite pourrie lorsque la corne devient molle, filandreuse, se détache par lambeaux et suinte beaucoup.

— L'action des fumiers, une ferrure négligée la produisent.

Traitement. — Enlever la corne décollée et nettoyer avec soin la fourchette, puis humecter de temps en temps avec l'**Antipsorique** ou bien, appliquer l'**Onguent Détersif**, dont les effets sont certains.

FOURMILLIÈRE

La fourmillière est une cavité noire existant dans le sabot, sous la sole ou la paroi et contenant du sang ou du pus desséché. Fréquente chez l'âne, elle est presque toujours la suite de la crapaudine, du clou de rue ou de la fourbure.

— En frappant avec le brochoir, on entend, à l'endroit où se trouve la fourmillière, un son **Creux**. — Quelquefois l'os du pied change de direction, le pied s'allonge, se relève en pince et se rétrécit sur les côtés (quartiers); — la cavité se forme par le désengrènement de la corne.

Traitement. — Lorsque la fourmillière est simple et n'existe qu'en pince, on la guérit facilement ; pour cela il suffit de bien parer le pied et d'introduire dans la cavité, des tampons d'étoupe imbibés d'**Antipsorique**; on applique ensuite un fer couvert ou à plaque. — La fourmillière légère disparaît par l'accroissement de la corne (par avalure). — La fourmillière accompagnée de déformation du sabot et de déviation du pied, est incurable.

FRACTURE
OS ROMPU - BRISÉ

— Division brusque et violente des os.

— Les causes des fractures sont : les chocs, les chutes, les contusions, les ruades, la contraction musculaire.

— Les animaux vieux ont les os plus fragiles que les jeunes.

— La fracture est dite **Simple**, quand elle n'est compliquée d'aucune lésion ; **Compliquée**, lorsqu'elle se montre en même temps que d'autres accidents, tels que plaies, luxations **Comminutive**, quand l'os est partagé en plusieurs petits morceaux (esquilles).

— Les symptômes sont : la déformation et la mobilité contre nature de la partie ; bruit crépitant lorsqu'on fait mouvoir l'os fracturé ; gonflement et douleur.

Traitement. — Pour obtenir la soudure d'un os fracturé il faut maintenir les abouts en contact et immobiles ; or, le plus souvent, la forme de la partie et la contraction musculaire s'opposent à l'application de bandages, seuls moyens capables de produire ce résultat. — C'est ce qui fait que, chez le cheval les seules fractures curables, sont celles des os phalangiens, du canon et des côtes.

— Chez le chien, les fractures se guérissent plus facilement — Quand on a mis en contact les bouts fracturés, on emploie des bandages composés d'**Attelles**, en carton pour les petits animaux, en bois pour les grands. — On les applique sur la partie malade, recouverte, au préalable, d'une étoupade ; le tout est fortement serré par des tours de bande enduits de gomme ; de plâtre, ou de silicate de potasse. — Quand on suppose que la soudure est consolidée, c'est-à-dire au bout de quarante jours, on supprime le bandage.

— Il faut s'abstenir de suspendre les animaux.

GALE

ROUVIEUX - ROGNE

Maladie contagieuse de la peau, causée par des animaux parasites (acares), caractérisée par une vive démangeaison et la chute partielle du poil.

— Tous les animaux peuvent contracter la gale. Elle se transmet facilement par contact immédiat et même par le contact des objets à l'usage des animaux. Cette contagion n'a lieu que parmi les individus d'une même espèce. — Elle est,

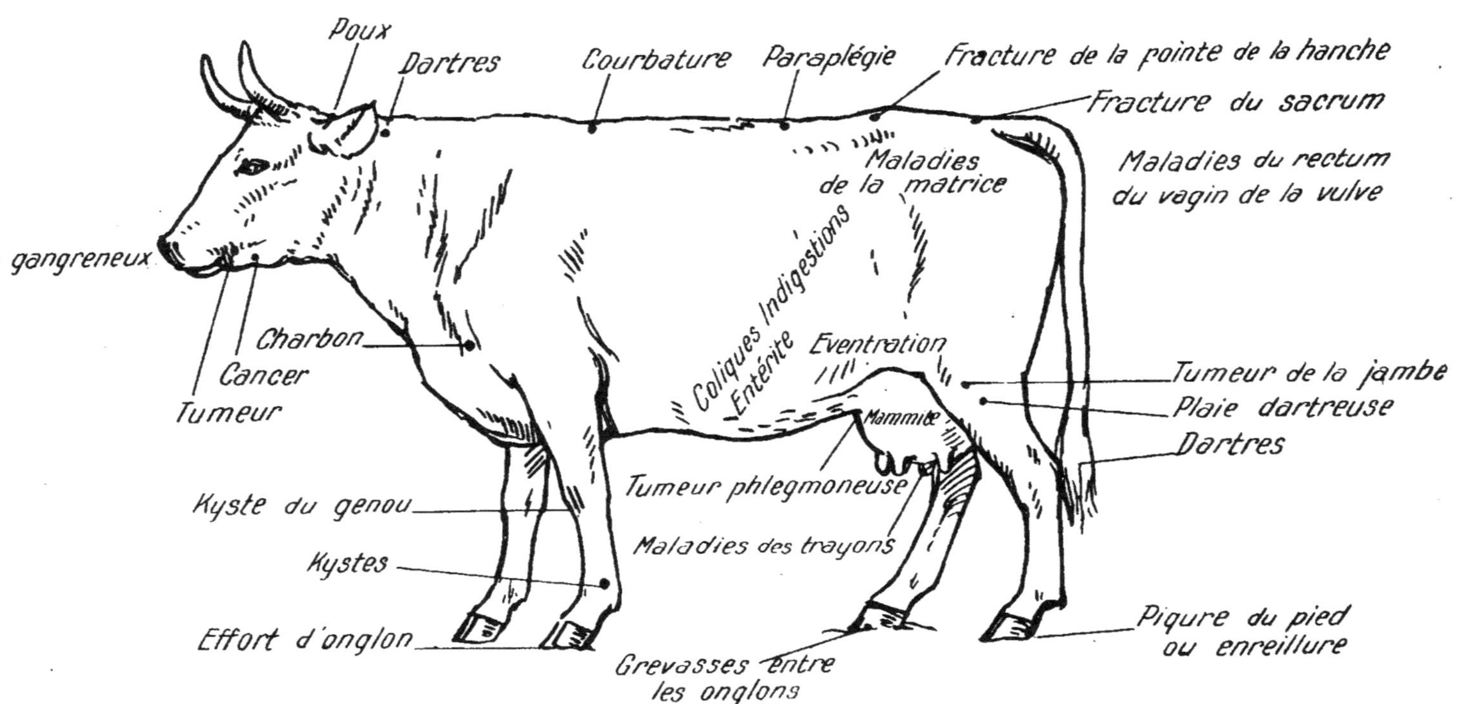

MALADIES SPÉCIALES AUX BOVINS

le plus souvent, l'effet de la misère et de la malpropreté.

— La gale apparaît sous la forme de vésicules, que le frottement auquel se livrent les animaux, transforme en plaies superficielles.

La gale est partielle ou générale suivant l'étendue de la peau qu'elle occupe.

Traitement. — Notre traitement de la gale est le même pour toutes les espèces d'animaux; tondre et nettoyer à l'eau tiède savonneuse, les parties affectées; les frictionner ensuite avec notre liniment **Antipsorique.** — On répète la friction trois jours après la première.

— Ordinairement trois frictions suffisent pour amener la guérison.

— Séparer les animaux sains des malades. — Soins de propreté et bonne nourriture.

GANGRÈNE
NÉCROSE

La gangrène c'est la mort d'une partie molle et limitée du corps. — La gangrène des os porte le nom de Nécrose. — Elle est la conséquence de certaines maladies, telles que le charbon, le typhus et des offenses extérieures.

— La gangrène est dite **Sèche,** lorsqu'elle ne laisse suinter aucune matière; **Humide,** lorsque ce suintement a lieu et répand une odeur désagréable. — La partie gangrenée est froide, insensible et privée de mouvement. -- Les chairs changent de couleur, deviennent molles; leur odeur est insupportable et fournissent un liquide ichoreux.

Autour de la partie gangrenée, la peau se boursoufle. — Le pouls devient faible; l'oeil devient pâle, puis jaune; la soif augmente.

— Lorsque la gangrène est très limitée, comme dans le **Javart Cutané** ou **Furoncle,** la suppuration fait détacher une eschare ou bourbillon, qui laisse à découvert une plaie.

Traitement. — Nettoyer les plaies et appliquer sur les points gangrenés l'**Onguent Détersif**; puis saupoudrer avec la **Poudre Tonique** plusieurs fois par jour; — Frictionner autour de la partie mortifiée avec le **Résolutif Météorifuge.**

— Enfin si les parties gangrenées sont étendues et profondes
cautériser au fer rouge. — Bien nourrir les animaux; donner
des infusions aromatiques, Vineuses, auxquelles on ajoute une
cuillerée de **Poudre Tonique.**

GASTRITE

Inflammation de l'estomac.

— Rare et difficile à reconnaître chez le cheval, fréquente
chez le chien, la gastrite est généralement occasionnée par des
os, des substances âcres ou indigestes que les animaux avalent.

— On la reconnaît à la couleur rouge foncé de la bouche,
à la soif ardente, aux vomissements fréquents et pénibles, à
la douleur qu'éprouve l'animal lorsqu'on presse la partie du
ventre qui correspond à l'estomac. *(épigastre)*

Traitement. — Aliments liquides de facile digestion; lait
de nature ou coupé d'eau et en soupe ; un peu plus tard, bouillon gras, tisane de graines de lin, à laquelle on ajoute une
cuillerée à café de **Poudre Tonique.**

GASTRO-ENTÉRITE
(Voir Entérite)

GLOSSENTRAX
CHARBON DE LA LANGUE
(Voir Charbon)

GOURME

Catarrhe des voies respiratoires, propre au cheval. — La
gourme est considérée comme une crise dépuratoire.

— Elle se déclare à tout âge, mais principalement chez les
poulains.

— La dentition, le travail prématuré, les changements de
climat, d'habitation et de nourriture, la produisent.

— Les animaux sains acclimatés, prennent la gourme en
cohabitant avec des chevaux **gourmeux.**

— Au début, l'animal éprouve de la tristesse et ne mange
pas ou peu; les glandes de la ganache s'engorgent. — Six ou
huit jours après, il y a jetage par le nez, alors l'animal paraît
moins souffrir; — l'engorgement des glandes de la ganache
augmente et finit par former un dépôt; quelquefois cet engorgement gêne la respiration.

Traitement. — Quand la gourme est légère, il faut favoriser sa marche ; éviter les refroidissements, tenir la gorge
chaude avec une peau de mouton et la frictionner avec de
l'huile d'olive tiède. — Faire des fumigations de mauve. —
Barbottages chauds et miellés. — Quand le dépôt est mûr,
l'ouvrir au fer rouge; tenir la plaie propre.

— Lorsque la gourme est grave, gêne la respiration et menace de gagner les bronches, mêmes soins hygiéniques; appliquer un séton animé au poitrail ; faire sur l'engorgement une
ou deux frictions de **Révulsif Universel.** — Ouvrir l'abcès.
— Séparer les animaux sains des malades. — On a recom-
mandé l'inoculation du **Horsepox** (Eaux aux Jambes).

GOUTTE

Maladie spéciale aux oiseaux de basse-cour, consistant en
un gonflement des jambes et la presque impossibilité de
marcher.

— Cette affection est causée par l'humidité des poulaillers.

Traitement. — Si les poulaillers sont humides, les désaf-
fecter et en installer d'autres dans des endroits bien secs.

HÉMATURIE
PISSEMENT DE SANG - MAL DE BROU

Pissement de sang pur ou mêlé aux urines.

L'hématurie n'est le plus souvent qu'un symptôme de maladie des voies urinaires ou d'une altération du sang. —
Une mauvaise nourriture; les pousses qui contiennent des
principes âcres, astringents comme celles du hêtre, de l'orme
du chêne; la renoncule, scille, le colchique; les contusions,
les efforts des reins, la produisent.

— Le boeuf y est plus sujet que les autres animaux.

— L'hématurie produit souvent la mort, par la perte du sang, en 24 heures.

— **Symptômes**. — : Les animaux urinent peu, souvent et avec difficulté ; les urines sont plus ou moins rouges ; il y a ordinairement diarrhée ; la peau devient jaune ; la rumination cesse ; le lait diminue.

Traitement. — Lorsque l'hématurie accompagne le Charbon, l'Anémie ou des Calculs, son traitement est celui de ces maladies.

— Lorsqu'elle est produite par des plantes âcres (mal de brou), il faut donner des tisanes de lin nitrées ; si les animaux sont gras, faire une ou deux petites saignées. — Demi-diète composée de racines cuites et de barbottages miellés.

HÉMORRAGIE

Perte de sang causée par la déchirure, la rupture des vaisseaux (veines ou artères).

— Une nourriture trop substantielle, une température trop élevée, les exercices violents, y prédisposent. — Quand l'hémorragie résulte de la blessure d'une artère, le sang est d'un rouge écarlate et s'écoule par jet saccadé ; — s'il est fourni par une veine, le sang est plus foncé, le jet est continu. — Les hémorragies superficielles donnent un sang d'une couleur assez vive qui s'écoule en nappe et sans saccade.

Traitement. — Les hémorragies des petits vaisseaux doivent être traitées par l'eau froide en douche ou par des applications de neige ou de glace pilée. — Si ces moyens sont insuffisants, on fait des applications de **Poudre Tonique** et on comprime ou bien on cautérise légèrement au fer rouge. — Si c'est un vaisseau important qui est atteint, on comprime et on applique de la glace, de la neige ou de l'eau vinaigrée souvent renouvelée ; — ou bien on ligature le vaisseau. — Quand l'hémorragie est la conséquence d'un excès de travail ou d'une forte nourriture, diminuer le travail et la ration ; petite saignée ; barbottages au sulfate de soude (100 grammes par jour).

HEPATITE
(voir Ictère)

HERNIE
DESCENTE

Sortie d'une portion de l'intestin par une ouverture naturelle ou accidentelle du ventre ; ainsi la hernie **Testiculaire**, la hernie **Ventrale**, la hernie **Ombilicale**.

— Produite par des contusions, des plaies, des sauts, des efforts, la hernie est toujours une maladie grave à laquelle il faut promptement remédier.

— **Traitement.** — Faire rentrer dans le ventre la partie d'intestin herniée et appliquer des bandages de forme variée suivant la partie du corps, pour empêcher le déplacement de l'intestin ou avoir recours à l'opération. — Les hernies anciennes et volumineuses, sont incurables ; on doit se borner, pour utiliser les animaux, à contenir la partie herniée par un bandage approprié.

HERPES
(voir Gale)

HYDROCÈLE

Amas d'eau dans le sac testiculaire.

— L'hydrocèle est rare chez les animaux ; il accompagne quelquefois la morve, le farcin.

— Celui qui est produit par une inflammation locale n'a rien de grave.

— La grosseur produite par cette Hydropisie est molle, pâteuse, peu sensible ; la pression du doigt y laisse son empreinte.

Traitement. — Moucheture avec la lancette ; frictions de **Résolutif Météorifuge**, ou bien, application de décoction froide de **Poudre Tonique**.

HYDROPISIE
(Voir Ascite et Anasarque)
COCCIDIOSE HÉPATIQUE
CACHEXIE SÉREUSE - GROS-VENTRE

Chez le lapin l'hydropisie prend le nom de Coccidiose

hépatique, Cachexie séreuse ou Gros-ventre. Cette maladie est provoquée par la nourriture exclusive avec des herbes fraîches et humides (choux, laitues) on la combat comme la diarrhée (voir ce mot).

ICTÈRE
JAUNISSE

Coloration en jaune des yeux, de la bouche et de la peau, produite par le passage de la bile dans le sang.

— La jaunisse est causée par la frayeur, la colère ; les obstacles au cours de la bile ; souvent elle accompagne une maladie de l'intestin. — Rare et peu grave chez le cheval, la jaunisse est fréquente et très grave chez le chien.

— On la reconnaît à la couleur jaune des yeux, de la bouche et de la peau ; aux urines rougeâtres et épaisses ; à la constipation ; à la douleur du côté droit du ventre.

Traitement. — Chez le cheval, repos, boissons blanches au sulfate de soude, à la dose de 200 grammes par jour.

— Chez le chien, application de sangsues sur le ventre ; huile de ricin, 15 grammes par jour, jusqu'à purgation ; — après la purgation, donner des aliments de facile digestion : lait, bouillon léger, soupes maigres ; tenir chaudement ; promenade au soleil.

IMMOBILITÉ

Maladie nerveuse particulière au cheval.

— L'immobilité est produite par les arrêts de transpiration par le vertige, les indigestions.

Le cheval immobile a un air idiot ; il marche sans assurance et semble n'y voir qu'à demi ; pendant le travail, il lui est impossible de tourner, de reculer ; l'action de manger est difficile, lente et souvent suspendue. — Si on lui présente un seau d'eau, il y plonge la tête jusqu'au fond et ne la retire que forcé par le besoin de respirer.

Traitement. — L'immobilité est incurable. — Elle est comprise, par la loi du 20 Mai 1838, parmi les vices rédhibitoires. — La durée de la garantie est de 9 jours.

INAPPÉTENCE

(voir Anorexie)

INDIGESTION

Trouble ou suspension de la digestion.

Le cheval, l'âne et le mulet, à cause de la petitesse de leur estomac, y sont plus exposés que les autres animaux.

— Le froid, les courses violentes, les aliments lourds, mauvais, altérés; l'usage du vert mouillé par la rosée ; les boissons froides, de mauvaise qualité, l'occasionnent.

— L'indigestion, chez le cheval, est souvent compliquée de symptômes nerveux graves, qu'on a appelé vertige. — L'indigestion est simple ou gazeuse. — Dans l'indigestion simple, l'animal éprouve du dégout, des coliques plus ou moins violentes ; un bruit sourd est produit dans l'intestin par le déplacement de gaz (borborygme); évacuations par l'anus, qui soulagent le malade. — L'indigestion gazeuse se complique d'une formation de gaz souvent considérable, qui distend le ventre (Tympanite) — Elle se complique quelquefois de gastrite, d'entérite, de déchirure de l'estomac.

Traitement. — Donner des breuvages excitants de tilleul, thé, camomille, vin chaud ; ajouter à chacun de ces breuvages une cuillerée à soupe de **Résolutif Météorifuge**; frictions sèches sur tout le corps ; bonne couverture et promenade.— Si le mal persiste, friction de **Révulsif Universel** sous le ventre. — Le vomissement, chez le cheval, indique la rupture de l'estomac, bientôt suivie de mort.

— L'indigestion, chez les ruminants (boeuf, mouton) est généralement accompagnée de formation de gaz (voir Météorisation).

— Chez le chien, l'indigestion est sans gravité à cause de la facilité avec laquelle il vomit.

JARDE

JARDON

Grosseur osseuse, placée à la partie inférieure et un peu

en arrière de la face externe du jarret. — Elle est due aux grandes fatigues, aux efforts violents et occasionne généralement la boiterie. — Le cheval arabe est souvent jardé de naissance.

Traitement. — Au début, friction de **Révulsif Universel**, répétée tous les huit jours ; plus tard, application du feu en pointes.

JAUNISSE
(voir Ictère)

JAVART
FURONCLE - PANARIS

Dépôt suivi de gangrène, qu'on observe à l'extrémité des membres du cheval, de l'âne, du mulet et du boeuf.

On distingue quatre sortes de javart :

1° **Javart Simple ou Cutané**

Il a son siège à la peau du paturon ou de la couronne. — On l'appelle encore Furoncle. — Les boues et les contusions le produisent.

— Au début, c'est une grosseur douloureuse qui fait boiter ; puis un abcès se forme et une partie gangrenée (bourbillon) s'en détache en laissant une plaie.

Traitement. — Soins de propreté. — Bains tièdes ou cataplasmes de mauve, de farine de lin. — Après la chute du bourbillon, panser la plaie avec la **Poudre Tonique.**

2° **Javart Tendineux**

Il a de l'analogie avec le panaris de l'homme. — Il est situé sur les tendons et occasionne un gonflement douloureux. — Sa marche est rapide, il produit souvent des fistules, des abcès et des ulcérations.

Traitement. — Débrider les fistules et les abcès ; faire des applications **d'Onguent Détersif.** — Lorsque la plaie est devenue belle, la panser avec la **Poudre Tonique.** —

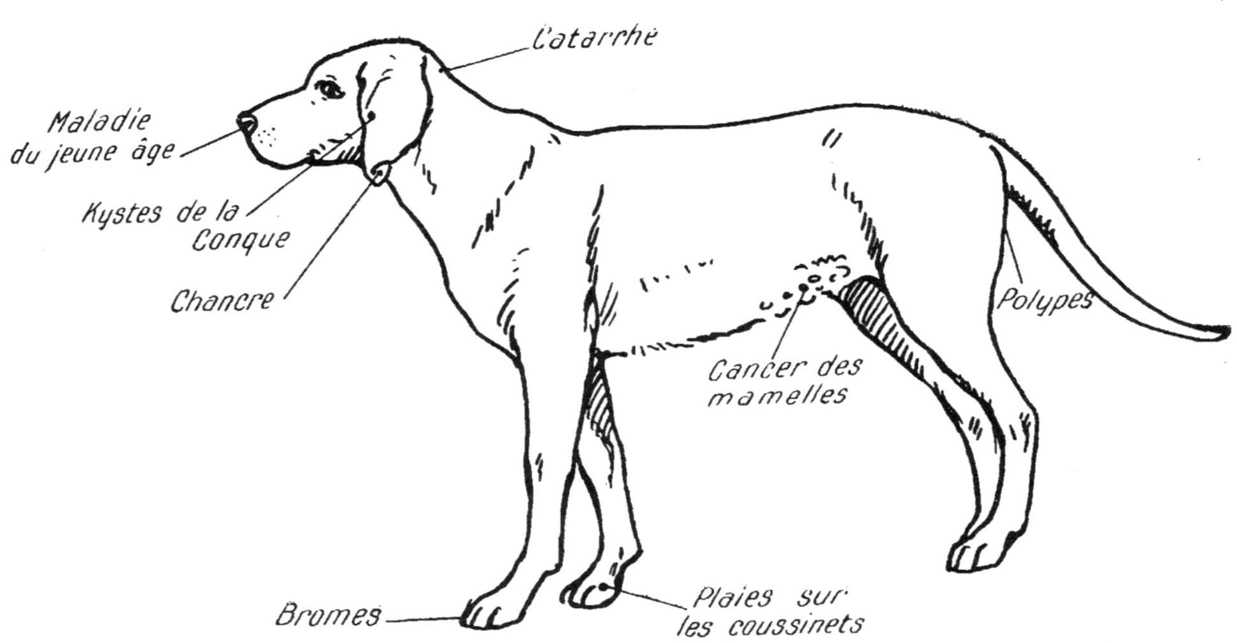

MALADIES SPÉCIALES AU CHIEN

Si après la cicatrisation, il reste un gonflement dur de la peau (induration), quelques frictions de **Résolutif Météorifuge** le font disparaître.

3° Javart Encorné

Il se forme entre la corne et la chair du pied. — Les piqûres, les encloutures, les seimes, le produisent.

— Au début, il y a chaleur du sabot et boiterie ; plus tard, la corne se décolle à la couronne, du pus s'en échappe (la matière a soufflé au poil). — Négligé, ce javart peut amener la gangrène, la carie de l'os du pied.

Traitement. — Amincir la corne au-dessous du mal et panser avec le **Résolutif Météorifuge.**

4° Javart Cartilagineux

Dans ce javart, le cartilage de l'os du pied est carié.

— Il est produit par des contusions, des atteintes, des bleimes suppurées, des seimes, des clous de rue. — Les pieds de devant y sont plus exposés que ceux de derrière. — Il se montre sur la couronne sous forme de grosseur, sur laquelle on observe des fistules d'où suinte un pus visqueux, odorant, contenant des débris verdâtres qui proviennent de la carie du cartilage.

Traitement. — Injecter avec une petite seringue, deux fois par jour (pendant 4 jours), du **Révulsif Universel** dans les fistules puis, introduire, avec une mèche d'étoupe, l'**Onguent Détersif**, jusqu'à ce que le pus soit devenu blanc. — On panse ensuite avec le **Résolutif Météorifuge.** Ces moyens nous ont toujours procuré la guérison en moins de 20 jours.

KYSTE

Poche close contenant des matières diverses ; telles que sang, pus, graisse, tubercules et formant des grosseurs arrondies, indolentes, molles et mobiles.

— On les observe surtout au jarret, au boulet, à la hanche, partout où se produit un grand frottement.

Traitement. — Au début, frictions de **Révulsif Universel** ; plus tard, application du feu en pointes ou extirpation.

LADRERIE
LÈPRE

Maladie propre au porc, due à la présence de vers (Cysti-cerques) dans la trame des organes.

— Les causes de la ladrerie sont peu connues ; on l'attribue aux porcheries humides, aux aliments avariés, à l'hérédité- — Elle ne paraît pas être contagieuse. — Sa marche est lente.

— Au début, elle est difficile à reconnaître ; cependant, l'oeil pâle, infiltré ; la peau blanche et l'arrachement facile des soies, sont les premiers symptômes. Plus tard, si on bâillonne le porc à l'aide d'un bâton, on voit à la partie inférieure et sur les côtés de la langue, de petites ampoules formées par les vers ; l'animal maigrit promptement et meurt.

Traitement. — La ladrerie est incurable. — La viande de porc ladre est insalubre et ne doit pas être consommée ; on doit se contenter d'en retirer la graisse ; le reste doit être enfoui. -- Salée pour la conservation, cette viande prend difficilement le sel et finit par se corrompre.

LARYNGITE
(Voir Angine)

LIMACE
(Voir Fourchet)

LOMBAGO
EFFORT DES REINS - TOUR DE REIN

Le lombago ou effort des reins est produit par les mêmes causes que les efforts. — On le reconnaît à la sensibilité des reins ; à la difficulté de marcher : l'animal vacille de la croupe et recule difficilement.

Le lombago est toujours grave.

Traitement. — Au début, friction de **Révulsif Univer-sel** sur les reins ; placer l'animal dans une étable étroite afin d'immobiliser le corps. — Quand le mal est ancien, il est incurable.

LUXATION

Déboîtement des extrémités des os qui forment les jointures.

— Les luxations sont rares chez les animaux ; celle que l'on observe le plus souvent chez le cheval, c'est celle de la rotule.

— La partie siège de la luxation est déformée, le membre est presque immobile, la jointure est douloureuse.

Traitement. — Pour remettre l'os en place, il suffit souvent de faire courir les animaux, ou bien de les forcer à reculer, ou bien encore d'étendre fortement le membre. — On fait aussitôt après une friction de **Révulsif Universel** et on immobilise autant que possible l'animal dans une stalle étroite.

MAL D'ANE (Voir Crapaudine).

MAL DES ARDENTS (Voir Erysipèle).

MAL DE BROU (Voir Hématurie).

MAL CADUC (Voir Epilepsie).

MAL DE CERF (Voir Tétanos).

MAL DE DENT (Voir Dent).

MAL D'ENCOLURE

Blessures de la partie supérieure de l''encolure, généralement suivies de nécrose du ligament cervical. — Les frottements répétés et les contusions le produisent. — Les chevaux de tirage y sont plus exposés.

— Le mal d'encolure se montre souvent à la suite du mal de garrot.

Au début, c'est un cor ou une tumeur plus ou moins volumineuse qui ne tarde pas à suppurer et former des abcès fistuleux. — Les fistules donnent un pus grisâtre.

Traitement. — Au début, c'est-à-dire avant que le pus soit formé, une seule friction de **Révulsif Universel** fait promptement disparaître l'enflure. — Si l'abcès existe, il faut le débrider largement et panser la plaie avec le **Résolutif Météorifuge** ; s'il y a fistules, faire des contr'ouvertures pour faciliter l'écoulement du pus, injecter avec une petite seringue du **Révulsif Universel** jusqu'à ce que le pus soit devenu blanc et épais, puis on panse avec le **Résolutif Météorifuge** jusqu'à complète guérison.

MAL DE GARROT

Blessure au garrot, suivie de nécrose.

— Elle est produite par la pression ou le frottement intempestif du bât, du collier ou de la selle. — Les animaux à garrot bas et charnu y sont plus exposés.

— Ce mal consiste en une plaie ou un gonflement suivi d'abcès ; le pus s'écoule difficilement, fuse et amène la carie des parties profondes.

Traitement. — Le même que pour le mal d'encolure.

MAL DE GORGE (Voir Angine)
MAL DE LANGUE (Voir Glossentrax)
MAL DE PIS (Voir Mammite)

MAL DE TETE DE CONTAGION

Maladie qui n'est qu'un symptôme de l'Anasarque et consistant en un gonflement de la partie inférieure de la tête avec difficulté de respirer.

Traitement. — Le même que pour l'Anasarque.

MALADIE APHTEUSE
(Voir Aphtes et fièvre Aphteuse)

MALADIE DES CHIENS
MORVE DES CHIENS - FIÈVRE MUQUEUSE
MALADIE DU JEUNE AGE

On appelle ainsi une maladie catarrhale que les chiens et les chats contractent dans leur jeune âge.

Elle apparaît ordinairement chez les animaux de quatre mois à un an ; elle est plus fréquente et plus grave sur les chiens qui habitent les villes, que ceux des campagnes, qui vivent en liberté. — Elle n'atteint qu'une seule fois le même individu.

Elle apparaît sous des formes différentes, qui sont : le **Catarrhe Bronchique**, le **Catarrhe Intestinal**, la **Maladie Eruptive**.

1° Catarrhe Bronchique

C'est la forme la plus ordinaire de la maladie des chiens ; elle est contagieuse pour les autres chiens.

— Elle débute par un léger écoulement du nez, les yeux chassieux, de la tristesse ; puis le nez devient sec et chaud, l'écoulement nasal devient purulent, l'animal maigrit rapidement, la fièvre augmente, les yeux sont enfoncés, la faiblesse devient extrême ; quelquefois des ulcères se forment sur l'oeil les paupières sont closes ; l'odeur répandue par l'animal est mauvaise ; bientôt arrive la mort.

Traitement. — Au début, purgatif ; huile de ricin, 30 à 50 grammes, suivant la taille ; nourriture légère : soupe au lait. Laver les yeux à l'eau boriquée tiède. — Appliquer un séton sur le cou ; donner en deux fois dans la journée, une cuillerée à café de **Résolutif Météorifuge**. — Relever les forces en donnant du café noir coupé d'eau, du vin auquel on ajoute une pincée de **Poudre Tonique**, des viandes cuites. — Si la respiration est très gênée, faire une friction de **Révulsif Universel** sur les côtés de la poitrine.

2° Catarrhe Intestinal

Cette autre forme de la maladie des chiens peut exister seule, mais elle vient ordinairement compliquer la précédente. Elle s'annonce par de fréquentes expulsions d'excréments d'un jaune clair ; puis la diarrhée, quelquefois sanguinolante, arrive ; la bouche est chaude, rouge et présente des tâches violettes qui bientôt s'ulcèrent au point de déchausser les dents ; les yeux se creusent, l'animal devient faible et meurt.

Traitement. — Lavements d'amidon ou d'eau de riz auxquels on ajoute une pincée de **Poudre Tonique**, café noir coupé d'eau. — Combattre les ulcères de la bouche par de fréquents gargarismes d'**Oxymel** et de **Poudre Tonique**.

3° Maladie Eruptive

C'est la forme naturelle de la maladie des chiens ; elle est contagieuse. — Elle apparaît souvent pendant le cours des formes **Bronchique et Intestinale**. — Elle s'annonce par de petites ampoules contenant un liquide transparant, qui se montrent sous le ventre, au plat des cuisses, aux aisselles.

Traitement. — Faciliter la sortie des boutons ou ampoules; tenir chaudement et proprement le malade; bonne nourriture. — Si l'éruption est seule, elle guérit facilement; — si elle existe en même temps que les formes précédentes, elle épuise souvent l'animal au point d'amener la mort. — Donner des infusions aromatiques et de **Poudre Tonique**. Le café noir favorise la sortie des boutons.

4° La **Chorée** ou **Danse de Saint-Guy** complique souvent la maladie des chiens. (Voir Chorée)

MALADIE DE SOLOGNE
MAL ROUGE – MAL DE SANG
SANG DE RATE

Cette maladie, épidémique en Sologne, est propre au mouton et n'est autre chose que le Sang de Rate, à un plus faible degré ; elle constitue par conséquent une maladie par altération du sang. (Voir Sang de Rate)

MALANDRES
(Voir Crevasses)

MAMMITE
MASTITE " MAL DE PIS
ENGORGEMENT LAITAUX
PHLEGMON DES MAMELLES

Inflammation des mamelles. — Toutes les femelles y sont exposées. — Les piqûres d'insectes, les blessures, les contusions, l'accumulation du lait dans ses conduits, la produisent.

Symptômes: Gonflement plus ou moins considérable, douleur, chaleur et rougeur de la mamelle. — Négligée, la mammite peut se compliquer d'abcès.

Traitement. — Au début, saigner la veine du cou ou de la mamelle. — Soutenir la mamelle avec un suspensoir en laine ; appliquer des cataplasmes de mauves, de farine de lin ; traire souvent et doucement. — S'il y a des abcès, les ouvrir et les localiser avec la décoction de **Poudre Tonique**.

MÉNINGITE
(Voir Vertige)

MÉTÉORISME
MÉTÉORISATION - TYMPANITE
INDIGESTION GAZEUSE - FALÈRE

Gonflement du ventre produit par une accumulation de gaz dans le tube digestif.

Le météorisme est commun chez le boeuf et le mouton ; rare, mais plus grave chez le cheval, l'âne et le mulet.

Il est produit par la fermentation des plantes que les animaux mangent avec avidité ; par les herbes chargées de rosée; par le trèfle et la luzerne simplement humides; par l'abus de vesces, fèveroles, maïs, son, etc....

Symptômes : Gonflement rapide du ventre, respiration difficile, coliques; sueurs abondantes ; pouls très petit ou insensible et mort par asphyxie. — Chez le boeuf et le mouton, le gonflement du ventre est plus prononcé au flanc gauche qu'au flanc droit; chez le cheval c'est le contraire. Dans le Roussillon, le **Météorisme** du mouton est appelé Falère.

Traitement. — Provoquer l'expulsion des gaz en introduisant dans l'arrière-bouche un petit bâton recouvert à son extrémité d'un linge doux et huilé; arrêter la fermentation des aliments dans la panse, en donnant de l'eau salée (250 grammes de sel de cuisine pour le boeuf, 20 à 40 pour le mouton et la chèvre) — Donner, dans un litre d'eau froide, une cuillerée d'**Alcali Volatil**, ou bien deux cuillerées de **Résolutif Météorifuge**. Si ces moyens ne suffisent pas, ouvrir la panse avec un trocart approprié (ponction) — après l'opération, continuer l'emploi de l'eau salée et exciter la rumination par des breuvages aromatiques ou vineux. — Chez le cheval, la ponction de l'intestin se fait sur le flanc **droit**, avec un trocart à diamètre étroit; — frictions de **Révulsif Universel** sous le ventre ; — infusions de tilleul, de camomille, auxquelles on ajoute, chaque fois, une cuillerée de **Résolutif Météorifuge**. — Pendant les jours suivants, promenade et demi-diète.

PONCTION DU RUMEN — Mode Opératoire. — A l'aide d'un bistouri ou d'un canif faire une légère incision à la peau, au milieu du flanc **gauche** chez le boeuf et par cette

incision on enfonce le trocart, en inclinant un peu sa pointe
d'arrière en avant. Si l'on ne possède pas de trocart, on peut
le remplacer par un morceau de roseau, de bambou ou de
tige de sureau dont on a enlevé la moelle. On taille en bec de
flûte l'extrémité qui doit pénétrer dans la panse. Avant de
l'enfoncer on doit faire l'ouverture avec un couteau. On laisse
la canule trois ou quatre jours en place ; ensuite on ferme
l'ouverture de la ponction par un petit morceau de toile
enduite de térébenthine de Bordeaux. Quelquefois à la place
des gaz il s'échappe par le tube une matière écumante qui le
bouche. Dans ce cas agrandir l'ouverture par une incision de
3 ou 4 centimètres qui permet à cette matière de se projeter
au dehors. On presse sur le côté droit de l'abdomen pour en
activer l'expulsion. On termine en suturant d'abord le rumen
avec du catgut phéniqué N° 2 et ensuite la peau avec du
catgut un peu plus gros.

Si ces moyens ne suffisent pas, on est obligé de vider la
panse avec la main et d'agrandir l'ouverture pour pouvoir y
passer la main et le bras ; on suture comme il est dit plus haut
et l'on traite la plaie opératoire comme une plaie ordinaire.

MÉTRITE
HYSTÉRITIS

Inflammation de la matrice. — Commune chez la vache,
rare chez les autres femelles, la métrite est le plus souvent
due à l'avortement, aux manipulations nécessitées par une
mise-bas laborieuse.

Symptômes : Suspension de la rumination, ventre tendu,
douloureux ; flancs rétractés ; coliques intermittentes ; gonflement de la vulve ; écoulement muqueux, puis purulent.

Traitement. — Au début, saignée moyenne, injection
d'eau de mauve ou de lin dans la matrice ; sulfate de soude
en barbottages. — Si la suppuration s'établit par la vulve,
injections de décoction tiède de **Poudre Tonique** souvent
répétées, ou injections de solutions tièdes iodées ou de permanganate de potasse, (voir accouchement laborieux) nourriture de bonne qualité ; promenade ou travail léger.

MOLETTE

Tumeur molle située sur les côtés des tendons, au-dessus
du boulet, formée par le gonflement de la membrane syno-
viale dans laquelle glissent les tendons fléchisseurs.

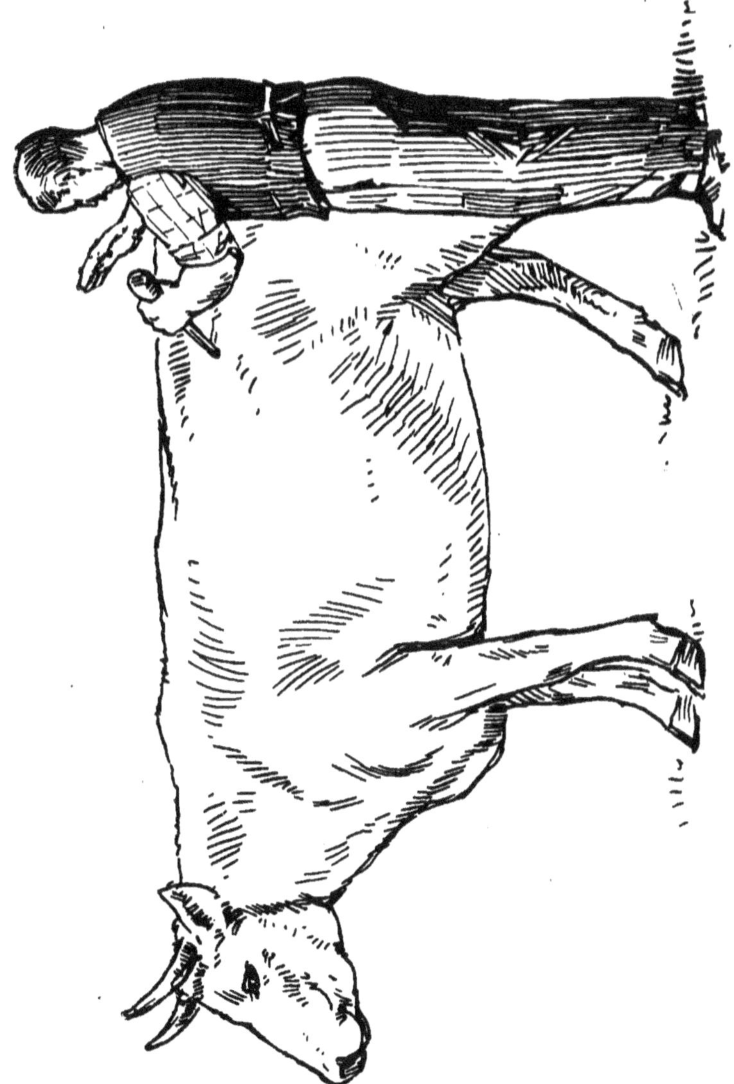

MÉTÉORISME. — Ponction du Rumen

— Communes chez le cheval, les molettes sont un signe
d'usure. — La fatigue excessive, le travail prématuré, les
violents efforts, les occasionnent.

— La molette est dite Simple lorsqu'elle n'existe que d'un
côté ; Chevillée, lorsqu'elle se montre des deux côtés du
membre. — Elle ne produit la boiterie que lorsqu'elle est
dure et volumineuse.

Traitement. — Au début, rouler autour du **Boulet** et du
Canon des bandes de toile ; bains d'eau froide matin et soir.
— Si ces moyens sont insuffisants, frictions de **Révulsif
Universel** renouvelées tous les dix jours. — Travail léger.
— Les molettes dures, volumineuses et anciennes doivent
être traitées par le feu en pointes.

MORVE

Maladie virulente, contagieuse, propre au cheval, à l'âne
et au mulet, transmissible à l'homme.

— La seule cause incontestable de la morve, c'est la contagion. — Les arrêts de transpiration, le froid, l'humidité, les
écuries malsaines ; les aliments de mauvaise qualité, la
malpropreté, tendent à la faire naître.

— La morve est **Aiguë** ou **Chronique.**

1° Morve Aiguë

Elle est caractérisée par l'engorgement des ganglions de
l'**Auge** ; ces ganglions sont mous, douloureux, libres et roulant sous la peau. — Jetage par les naseaux, de matières
filantes, safranées, quelquefois mêlées à du sang. — Ulcères
rougeâtres et irréguliers dans le nez.

2° Morve Chronique

Glandes de l'auge, dures et adhérentes à l'os de la ganache ; jetage par les deux naseaux ou par un seul (le plus
souvent du gauche) de matières jaunâtres ou verdâtres,
collées aux ailes du nez. — **Chancres** dans le nez. Ces
chancres sont pâles et comme glacés.

— La morve est comprise parmi les vices rédhibitoires
avec 9 jours de garantie.

Traitement. — La morve est incurable.

MOUCHES

Pour éviter aux animaux les ennuis infligés par les mouches, il faut les laver avec une décoction de feuilles de noyer.

MOYEN DE FAIRE PERDRE LE LAIT

Pour faire perdre le lait, on donne un bon purgatif et l'on badigeonne les mamelles matin et soir avec un mélange de craie pulvérisée et de vinaigre, en consistance de boue.

MUE

La mue est une affection qui, tous les ans, au mois d'Octobre, atteint les poules. Celles-ci perdent leurs plumes, deviennent laides, tristes et maladives.

Traitement. — Les tenir à cette époque dans un endroit chaud.

MUGUET

Maladie aphteuse de la bouche qu'on observe fréquemment sur les veaux et les agneaux. — (voir Aphtes)

NÉPHRITE
FIÈVRE NÉPHRÉTIQUE

Inflammation des reins.

— Le boeuf et le mouton y sont plus sujets que le cheval. Les causes qui la produisent sont : les coups portés sur les reins ; les efforts, les secousses violentes ; les aliments âcres, telles que les jeunes pousses d'arbres résineux.

Symptômes : Difficulté d'uriner ; urines rares, claires, quelquefois sanguinolentes ; reins douloureux et chauds ; pouls petit et serré.

Traitement. — Au début, saignée, demi-diète ; sachet de son mouillé d'eau tiède, sur les reins, tisane froide de graines de lin et de figues, légèrement nitrée.

— S'il y a constipation, sulfate de soude en babottages.

— Si le mal se prolonge et menace de devenir chronique, faire sur les reins des frictions de **Révulsif Universel** et donner des infusions aromatiques vineuses avec addition de **Poudre Tonique.** — Le **Résolutif Météorifuge**, à la dose de 3 cuillerées par jour dans des infusions aromatiques froides, produit d'excellents effets.

NERF FERRURE
EFFORT DE TENDON

Inflammation avec gonflement et rétraction des tendons fléchisseurs des membres.

— Elle est produite par les violents efforts, les contusions, etc. . .

— Les tendons atteints sont engorgés, douloureux; l'animal boite; plus tard, les tendons se retirent, la boiterie augmente et le pied ne fait plus son appui qu'en pince (l'animal est bouleté).

Traitement. — Frictions de **Révulsif Universel (Une fois tous les huit jours)** ; travail léger. — Si le mal résiste à ce moyen, application du feu. — Quand la Bouleture est survenue, une ferrure spéciale est nécessaire. — (voir Bouleture)

NOIR MUSEAU
VIVROGNE - BOUQUET

Maladie de la peau, spéciale au mouton, qui se développe sur le museau, d'où elle s'étend jusqu'aux oreilles.

— Fréquente sur les agneaux, cette maladie est due à la malpropreté des bergeries.

— Elle débute par des plaques rouges desquelles suinte un liquide grisâtre, qui ne tarde pas à se changer en ulcères recouverts de croûtes noirâtres.

Traitement. — Au début, humecter les parties malades d'**Antipsorique** ; lotionner les ulcères avec le **Résolutif Météorifuge.**

NYMPHOMANIE
FUREURS UTÉRINES - TAURELIÈRE

Désir violent et déréglé de l'accouplement chez les femelles.

— La vache y est plus sujette que les autres femelles domestiques; On observe alors tous les signes de la Chaleur : gonflement, contraction de la vulve, etc. . .

Traitement. — Accoupler les femelles nymphomanes.

— Si la saillie ne fait rien, petite saignée, demi-diète, barbottages au sulfate de soude. — Eloigner les mâles.

ŒDÈME

Infiltration d'eau sous la peau. — L'oedème n'est que l'Anasarque à un plus faible degré, limité sur un point du corps.

— Les animaux mous, y sont plus sujets ; l'humidité, la malpropreté, les mauvais aliments sont les causes générales de l'oedème.

— Il est formé par une grosseur molle, diffuse, dans laquelle le doigt laisse son empreinte; c'est dans les parties basses qu'il se montre.

Traitement. — Frictions de **Résolutif Météorifuge**; — mouchetures avec la lancette ; bonne nourriture; boissons nitrées; promenade ou travail léger.

OPHTALMIE

Inflammation de l'oeil.

Elle est externe, interne ou périodique.

1° Ophtalmie Externe

(Voir Conjonctivite)

2° Ophtalmie Interne

Inflammation du globe de l'oeil.

Causes : Contusions, piqûres, introduction de corps étrangers.

Symptômes: Douleurs violentes augmentées par la lumière; trouble de l'oeil plus ou moins considérable suivant le degré du mal; paupières rouges et gonflées; écoulement abondant de larmes.

Traitement. — Au début, saignée et lotions de décoction froide de **Poudre Tonique**; séton sur les joues ou sur les côtés de l'encolure. — Si le mal est ancien, insister sur l'emploi des sétons ; insuffler dans l'oeil, à l'aide d'un chalumeau de paille, la **Poudre Tonique**.

3° Ophtalmie Périodique

Fluxion périodique des yeux. — Ophtalmie intermittente. — Lune. — Mal de lune. — Maladie lunatique.

Inflammation périodique de l'oeil, propre au cheval, au mulet et à l'âne.

— Les causes de cette maladie sont peu connues. Elle se porte soit sur un oeil, soit sur les deux et apparaît par accès plus ou moins rapprochés, qui entraînent tôt ou tard la perte de la vue.

Symptômes: Au début, gonflement des paupières, larmoiement considérable, oeil rouge et très sensible ; au bout de deux ou trois jours, l'oeil est fermé et perd sa transparence, les humeurs se troublent, s'épaississent et forment des flocons qui tombent au bas de l'oeil; puis l'oeil s'éclaircit en réfléchissant cependant une teinte de feuille morte; tout s'apaise, l'animal semble guéri et reste dans cet état pendant 15 ou 20 jours, ensuite un nouvel accès se montre avec les caractères que nous venons d'indiquer.

Traitement. — La fluxion périodique est incurable.

La loi du 20 Mai 1838 l'a classée parmi les vices rédhibitoires avec 30 jours de garantie.

ORCHITE
DIDYMITE

Inflammation du testicule, produite le plus souvent par des contusions, de violents efforts, le frottement, le coït immodéré, le bistournage.

— L'orchite est commune chez les gros chevaux de trait.

Symptômes : Douleur et augmentation de volume du testicule, tension de ses enveloppes; l'animal marche avec difficulté ; les reins sont voûtés; les urines sont rougeâtres. — L'orchite occasionne rarement la mort. — Sa marche est rapide.

Traitement. — Au début saignée au cou ; cataplasmes chauds de mauve, de farine de lin ou de morelle, maintenus par un suspensoir; demi-diète, barbottages au sulfate de soude. — Si le mal persiste, faire une ou deux frictions sur le testicule, avec le **Révulsif Universel.** — Si un abcès se forme, l'ouvrir et donner des soins de propreté. — Repos.

PALATITE
STOMATITE – LAMPAS – FÈVES

Inflammation du palais, quelquefois de toute la bouche.

— Elle est le plus souvent la conséquence de la dentition ou d'une maladie de l'intestin. — Dans la palatite, le gonflement du palais est quelquefois considérable ; la mastication est pénible.

Traitement. — Saignée au palais avec le bistouri ou la lancette et non avec la corne de Chamois ; ne point brûler le palais avec le cautère (ce remède est pire que le mal) ; barbottages farineux et miellés ; — gargarismes d'oxymel et de **Poudre Tonique.**

PARALYSIE
PARAPLÉGIE

Amoindrissement ou abolition de la sensibilité des muscles d'une partie ou de la généralité du corps.

La paralysie générale, chez les animaux, est rare ; la paralysie locale ; surtout celle de l'arrière-train, appelée Paraplégie, est fréquente.

Les fractures du crâne ou de la colonne vertébrale la produisent ; elle est souvent le symptôme de l'inflammation ou de la congestion de la moelle épinière et de l'apoplexie cérébrale.

— La paraplégie s'annonce par des signes alarmants ; Elle frappe plus souvent les animaux au travail qu'au repos. — Elle est précédée d'inquiétude, de malaise ; puis la croupe se gonfle, se durcit ; les mouvements des membres de derrière deviennent difficile, les boulets fléchissent en avant ; si l'animal est en marche, il fait encore quelques pas, puis il tombe sur l'arrière-train, sue, se débat sans pouvoir se relever. Souvent au sortir de l'écurie, les animaux témoignent une gaieté inaccoutumée, mais bientôt brusquement, il se mettent à boiter, à trembler et finissent par tomber sur le chemin.

— La paralysie, chez le Chien, est le plus souvent la suite de la maladie.

— La vache n'en est guère atteinte qu'après le vêlage.

Traitement. — Au début, saignée ; frictionner promptement et énergiquement les reins et les membres de derrière avec le **Révulsif Universel** ; donner le sulfate de soude à dose purgative (6 à 800 grammes suivant la taille).

— Si la maladie passe à l'état chronique, appliquer le feu sur les reins et les membres malades. — Repos absolu sur une bonne litière. — Eviter les violents efforts que l'animal fait pour se relever. — Ne point transporter les animaux au loin.

PAROTIDITE
AVIVES

Inflammation de la glande salivaire parotide. — On l'appelle encore Phlegmon de la parotide.

— Elle est occasionnée par les offenses extérieures, l'impression du froid ; souvent elle accompagne le coryza ou l'angine.

— Elle est caractérisée par un gonflement de la glande salivaire, qui se montre de chaque côté de la gorge et s'étend souvent jusqu'à l'oreille. Ce gonflement gêne beaucoup les animaux dans l'action de triturer les aliments et de les avaler; il y a écoulement abondant de salive par la bouche,

— La parotidite se termine souvent par un abcès.

Traitement. — Au début, si l'inflammation est vive, saignée, applications de cataplasmes chauds de farine de lin ; de mauve, arrosés de **Résolutif Météorifuge**.

— Si le gonflement persiste, friction de **Révulsif Universel** s'il y a abcès, inciser la peau seulement, puis avec les doigts pénétrer jusqu'au pus ; donner des soins de propreté et faire écouler le pus par des pressions modérées.

— Autrefois certains guérisseurs meurtrissaient ou plutôt écrasaient la glande salivaire enflammée en la serrant avec des tenailles (battre les Avives). Cette pratique absurde et barbare produisait toujours de graves complications.

PÉPIE

Epaississement de la couche épidermique recouvrant la muqueuse de la langue chez les oiseaux de basse-cour.

Symptômes. — Les animaux sont tristes, tiennent le bec entr'ouvert, la tête est tendue sur l'encolure ; — la déglutition est difficile.

Traitement. — Deux fois par jour lavages de la bouche avec la décoction de **Poudre Tonique** à l'aide d'une plume après avoir pris la précaution de détacher avec une aiguille la pellicule qui recouvre la langue.

— Si cette pellicule résiste, ne pas insister pour éviter de provoquer une hémorragie et appliquer deux fois par jour le mélange suivant :

Chlorate de Potasse . . .	**6 grammes**
Acide Salicylique	**4 grammes**
Sirop simple quantité Suffisante **9,5 pour 150** centimètres Cubes	

Pendant une semaine donner aux volailles des grains brassés avec un peu de chaux en poudre.

PÉRIPNEUMONIE CONTAGIEUSE DU BŒUF
PÉRIPNEUMONIE GANGRENEUSE

Maladie virulente et contagieuse qui se montre le plus souvent à l'état épidémique (lisez Epizootique) dans plusieurs contrées de l'Europe.

Elle existe en permanence dans les montagnes de l'Ariège. On lui reconnaît pour causes : les transitions brusques de température ; les étables insalubres, manquant d'air ; l'hérédité et la contagion. -- Cette maladie marche lentement

— **Symptômes :** Toux sèche, petite et fréquente, plaintes ; cessation de la rumination ; sensibilité très prononcée du milieu de la colonne vertébrale, puis toux et respiration très pénibles, jetage blanchâtre par le nez ; épanchements dans la poitrine, quelquefois, gangrène du poumon ; la diarrhée précède de peu la mort.

Traitement. — Séparer les animaux sains des malades ; séquestrer ces derniers.

— Malgré tous les remèdes qu'on a pu jusqu'ici opposer à la péripneumonie contagieuse, elle continue à faire de nombreuses victimes ; cependant, deux moyens récemment essayés semblent avoir donné de bons résultats. Nous voulons parler de l'Inoculation et de la Sulfurisation.

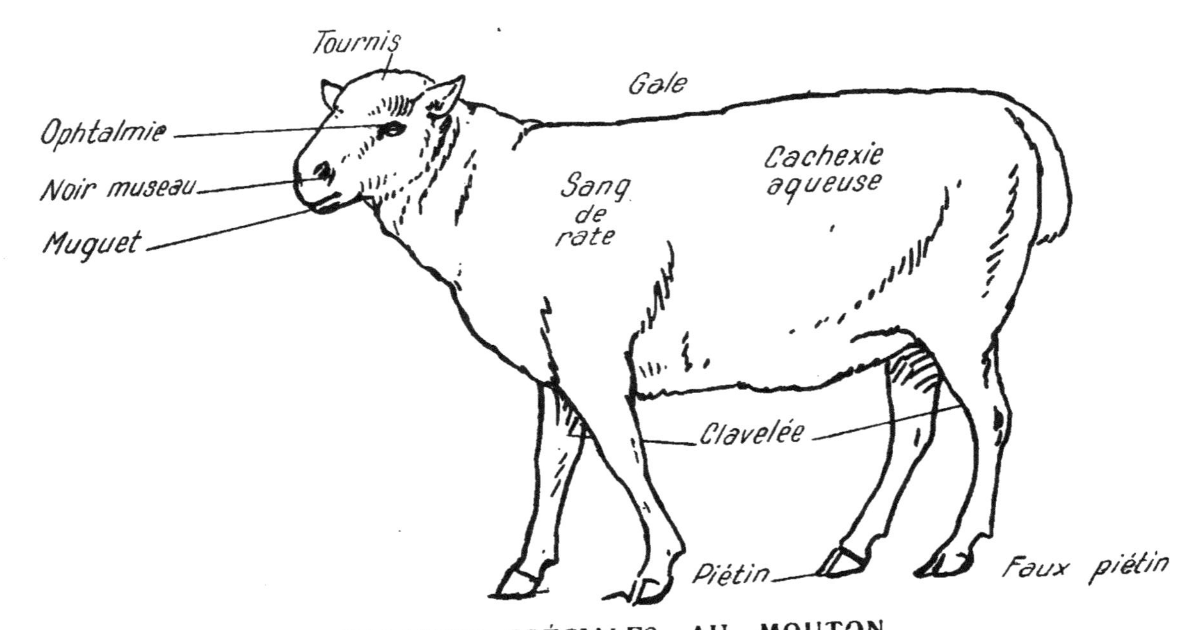

MALADIES SPÉCIALES AU MOUTON

1° **L'Inoculation** se pratique à la base de la queue avec les liquides frais (sérosité) puisés dans le poumon d'une bête récemment sacrifiée pour la boucherie.

2° **La Sulfurisation** consiste à soumettre, dans l'étable, les animaux malades et sains aux vapeurs d'acide sulfureux produites par la combustion du soufre. — On fait 6 sulfurisations, une par jour; chaque sulfurisation doit durer deux ou trois heures. — Les bêtes bovines supportent très bien la sulfurisation.

PHLEGMON
(Synonyme d'Abcès - Voir Abcès)

PHTIRIASE
POUX - POUILLOTEMENT

Maladie de la peau produite par les poux. — Chaque animal a son espèce de pou.

La malpropreté, les habitations malsaines, les aliments avariés, le voisinage des poulaillers, certaines maladies chroniques, la font naître.

Symptômes : Démangeaisons; les animaux se frottent sur tout ce qui est à leur portée. — Si on examine la peau, on aperçoit des poux et des lentes en grande quantité.

Traitement. — Laver la peau avec du lessif tiède; frictionner avec le liniment **Antipsorique**. Ce dernier moyen est infaillible.

— Habitations saines, bonne nourriture et bonne étrille.

TUBERCULOSE
PHTISIE PULMONAIRE - POMMELIÈRE
VIEILLE COURBATURE

Maladie produite par la pénétration du bacile de **Koch** dans l'organisme.

Cette affection est caractérisée par la formation de petits points grisâtres ou blanchâtres, appelés tubercules, soit dans les poumons, soit dans d'autres organes; ces points se ramollissent, s'étendent, se réunissent, se mettent à suppurer, s'évident, forment des cavités appelées Cavernes, qui progressivement détruisent les organes qui en sont atteints.

— Rare chez le cheval et chez les animaux qui vivent dans les pâturages, la tuberculose est commune chez la vache laitière, surtout dans les environs des grandes villes.

— L'hérédité, les étables malsaines, l'air vicié, le manque d'exercice, sont les causes prédisposantes.

Symptômes : Au début, toux faible, fréquente et quinteuse ; lait bleuâtre et très liquide ; respiration difficile et entrecoupée ; les femelles se mettent facilement en chaleur ; puis arrive la maigreur et le jetage par le nez, qui annonce que le poumon est profondément atteint. — À la dernière période l'haleine est fétide et la diarrhée apparaît.

L'auscultation laisse percevoir des bruits musicaux, des râles muqueux, semblable au bruit qui se produit quand on souffle avec un petit tube dans un verre d'eau.

Au début de la maladie, l'épreuve de la tuberculine donne un procédé de diagnostic infaillible.

La tuberculose pulmonaire est un vice rédhibitoire avec 9 jours de garantie. — Chez le cheval, l'âne et le mulet, elle constitue la **Vieille Courbature**, vice également rédhibitoire.

Traitement. — La tuberculose pulmonaire est incurable. La viande des animaux tuberculeux est impropre à la consommation. La peau seule peut être utilisée après désinfection.

PICA

Dépravation de l'appétit qui porte les animaux à manger de la terre, du plâtre, etc. . .

— C'est un symptôme de l'anémie (Voir anémie).

PIÉTIN
CRAPAUD DU MOUTON

Maladie du pied du mouton caractérisée par un suintement d'humeur liquide qui décolle l'ongle.

— Le piétin est fréquent et très négligé dans les campagnes, aussi produit-il une grande mortalité.

—Il est causé par les bergeries malsaines, l'humidité et la contagion.

— Au début du mal, les animaux boitent, le bourrelet devient rouge, un léger suintement s'établit autour du sabot et le décolle ; puis un ulcère se forme, le suintement devient plus épais et fétide ; des abcès se montrent entre les onglons, sur le bourrelet, et enfin, si on n'y remédie, arrivent des fistules, la gangrène et la chute de l'ongle.

Traitement. — Le piétin est facile à guérir, surtout au début ; enlever avec un instrument tranchant les parties de corne décollées et appliquer l'**Onguent Détersif**. Deux applications, à 12 heures d'intervalle suffisent. **L'Onguent Détersif** adhère parfaitement aux parties malades, il n'est pas enlevé par l'eau, ce qui fait qu'on obtient un prompt résultat de son emploi.

— On a conseillé les bains de lait de chaux ; pour cela, on place une caisse en bois, à ras du sol, à l'entrée de la bergerie de façon que les moutons soient obligés de marcher dans le liquide caustique en entrant et en sortant. Ce moyen est simple et pratique, mais moins efficace.

PLAIES

Division des parties molles par une cause mécanique.

— Les animaux y sont très exposés. — Les corps tranchants, piquants, contondants ; les morsures, les armes à feu etc... occasionnent des plaies dont les caractères varient suivant la cause qui les a produites. — Elles sont plus ou moins graves suivant leur profondeur et l'importance de la partie lésée.

— Les plaies sont dites Simples, lorsqu'elles sont nettes, franches, peu profondes et que leur cicatrisation peut être obtenue facilement ; Compliquées, lorsqu'elles coïncident avec une autre maladie ou avec l'introduction d'un corps étranger, d'un virus, et réfractaires à la cicatrisation.

— Les plaies simples ont une couleur rose et donnent un pus blanc et consistant. Les plaies compliquées, au contraire sont pâles ou d'un rouge foncé, fournissant un pus liquide et grisâtre ; leur surface est irrégulière.

Traitement. — Plaies simples. — Nettoyer la plaie avec des tampons de coton hydrophile imbibés de solution antiseptique phéniquée ou iodée (voir appendice) ou à l'eau oxygénée dédoublée ; rapprocher les lèvres de la plaie à l'aide de bandelettes agglutinatives ou par des points de suture faits avec du catgut N° 3 ou 5 suivant la grandeur de la plaie et la région blessée. — Modérer l'inflammation si elle est exagérée, en saupoudrant avec la **Poudre Tonique**. — Dans le cas contraire panser de suite, tous les jours, avec des compresses imbibées de **Résolutif Météorifuge**.

Plaies Compliquées. — Extraire les corps étrangers, s'il y en a ; enlever les parties irrégulières avec un instrument tranchant. — Si la plaie a un mauvais aspect, panser avec l'**Onguent Détersif** jusqu'à ce qu'elle présente un bel aspect, ensuite favoriser la cicatrisation en pansant quotidiennement avec des compresses imbibées de **Résolutif Météorifuge**. — On doit priver les plaies du contact de l'air.

PLAIES FISTULEUSES
(Voir Fistules)

PLEURÉSIE
CHAUD ET FROID - REFROIDISSEMENT

Inflammation de la membrane qui tapisse la cavité de la poitrine. (plèvre)

— Les violences extérieures, les arrêts de transpiration, certaines maladies telles que pneumonie, bronchite, etc. . . l'occasionnent.

— La pleurésie est aiguë ou chronique.

— 1° **Pleurésie Aiguë**. — Elle a pour symptômes : Tristesse, respiration fréquente, courte, entrecoupée (plus grande dans l'expiration), narines dilatées ; toux petite, comme avortée, sans expectoration ; pouls fréquent et petit ; sensibilité sur toute la surface de la poitrine.

— La pleurésie se termine souvent par l'hydropisie de poitrine, dans quel cas, elle est mortelle.

Traitement. — Au début, saignée ; passé vingt-quatre heures, elle est plutôt nuisible. — Friction de **Révulsif Universel** sur les côtés de la poitrine, sous le ventre ; sétons animés sur le poitrail ou sur les côtes ; à l'intérieur, tisanes de figues nitrées ; peu à manger ; tenir les animaux très chaudement.

2° Pleurésie Chronique. — Elle est le plus ordinairement la suite de la pleurésie Aigüe, tardivement ou mal traitée.

— Les symptômes sont à peu près les mêmes, mais ils sont plus obscurs. Cette pleurésie constitue une des formes de la **Vieille Courbature** ou maladie **Ancienne de Poitrine**; vice Rédhibitoire.

Traitement. — Se guérit rarement. — Insister sur les frictions révulsives ; — Bien nourrir les malades, courtes promenades par le beau temps.

PNEUMONIE

Inflammation du poumon.

— Les causes de la pneumonie sont celles de la pleurésie.

Comme elle, elle est aigüe ou chronique.

— **1° Pneumonie Aigüe.** — On la reconnaît à la difficulté de respirer; aux battements fréquents du flanc ; la toux est profonde, douloureuse et sèche au début ; elle cesse lorsque la maladie doit avoir une fin funeste ; jetage rouillé ou mêlé de sang ; pouls généralement fort et vite ; le malade ne se couche pas. — Si on applique l'oreille sur la poitrine, on n'entend point, à la partie inférieure, le murmure respiratoire, signe d'un épanchement de sang dans cette partie du poumon ; les parties supérieures, au contraire font entendre un murmure respiratoire plus prononcé.

Traitement. — Au début, saignée moyenne, qu'on répète 24 heures après, s'il y a lieu ; friction de Révulsif sous la poitrine ; application de sétons animés au poitrail ; boissons miellées et nitrées ; aliments de facile digestion.

Tenir très chaudement.

2° Pneumonie Chronique. — Rare chez le cheval, commune chez le boeuf, la pneumonie chronique a pour symptômes : Toux grasse et profonde ; respiration très difficile pendant la marche ; soubresaut du flanc ; absence de fièvre.
— Le sang épanché dans le poumon s'est organisé ; certaines parties du poumon sont gangrenées ou forment des abcès, qu'un écoulement de matière purulente sanieuse, qui a lieu par le nez, annonce. — Arrivée à ce degré, elle est toujours suivie de mort.

- La pneumonie chronique est une forme de la Vieille Courbature ou maladie Ancienne de Poitrine, vice rédhibitoire.

Traitement. — Donner, dans le miel, deux cuillerées par jour de **Résolutif Météorifuge**. Bonne nourriture. Boissons nitrées. Promenade par le beau temps.

POUSSE
ASTHME - EMPHYSÈME PULMONAIRE

Essouflement avec battements irréguliers du flanc, symptômes ordinaires de l'**Emphysème Pulmonaire**.

Certaines maladies produisent la pousse ; telles sont : la pleurésie et la pneumonie chronique, l'anévrisme du coeur, certaines lésions nerveuses. — L'emphysème qui est la cause principale de la pousse, est dû aux courses rapides, aux violents efforts respiratoires, qui dilatent outre mesure ou déchirent les vésicules pulmonaires. — La pousse est rare chez les jeunes animaux, commune chez les vieux.

L'irrégularité des mouvements respiratoires, dans la pousse se traduit sur tous les points de la poitrine, mais surtout aux flancs. Cette irrégularité consiste en un soubresaut auquel on a donné les noms de Contre Temps, Coup de Fouet. Ce soubresaut se fait remarquer plus souvent dans le mouvement d'abaissement du flanc que dans celui de dilatation (expiration, inspiration). — Comme symptômes accessoires de la pousse, nous citerons la toux sèche, courte et faible.

Le cheval **Poussif** ne peut suffire à une longue course ; c'est un cheval usé.

— La pousse est un vice rédhibitoire, avec 9 jours de garantie.

Traitement. — Aliments très nourrissants, mais en petite quantité ; peu ou pas de foin ; paille à discrétion ; augmentation de la ration de grains ; barbottages farineux. Le régime du vert aidé de la saignée, pallie la pousse ; il en est de même du foin arrosé avec de l'eau de mélasse ou la tisane de figues.

La pousse peut s'améliorer par l'acide arsénieux et les expectorants comme le sulfure d'Antimoine. La formule suivante donne de bons résultats.

Acide Arsénieux	.	.	0 gr. 50
Sulfure d'Antimoine	.	.	0 gr. 05
Gentiane Pulvérisée	.	.	10 grammes.

Pour une dose, en donner une ou deux par jour dans du son frisé, selon la taille du cheval.

POUX
(Voir Phtiriase)

POUX
VERMINE

On doit détruire les poux qui se développent sur les oiseaux de basse-cour et sur les poules en particulier pour prévenir l'amaigrissement qui en résulte.

Traitement. — Les laver avec de l'eau de savon.

PUSTULES

Boutons pointus et contagieux qui se développent sur le corps de la poule.

Traitement. — Isoler les malades et leur donner comme boisson, de l'eau dans laquelle on aura fait bouillir de la laitue hachée et un peu de cendre de bois.

RAGE
HYDROPHOBIE

La rage est une maladie virulente du Chien et du Chat, transmissible à tous les animaux, même à l'homme, par morsure ou tout autre mode d'inoculation.

— Le Chien et le Chat sont les seuls animaux chez lesquels la rage se développe spontanément. — Le virus qui la communique existe dans la salive et le mucus bronchique des animaux enragés; les expériences faites avec le sang, n'ont pas transmis la maladie.

— Les causes certaines de la rage sont inconnues; c'est pendant les temps les plus humides de l'année et les mois de Mars, Avril et Novembre, qu'on observe le plus souvent la rage.

— Elle n'existe pas dans les pays très chauds ou très froids.

Symptômes : Le chien atteint de rage est triste, refuse de manger, sa marche est nonchalante, il recherche les endroits obscurs et paraît agité; l'oeil devient rouge, plus brillant et plus fixe que d'ordinaire; il lèche quelquefois les objets qui sont à sa portée; s'il obéit à son maître c'est avec moins d'empressement; quelquefois il boit et mange encore; mais bientôt l'appétit disparaît, il cesse d'aboyer et pousse de temps en temps un cri rauque, enroué, cri particulier et caractéristique de la rage; il poursuit et se jette sur des objets imaginaires; si on lui présente de l'eau, loin de reculer comme on l'a dit souvent, il essaye de boire, mais il ne peut avaler; puis il mange des corps étrangers, tels que paille, chiffons, morceaux de bois, etc. . . — S'il est attaché, il mord sa chaîne, brise sa loge; s'il est en liberté, il prend la fuite, se jette sur les animaux qu'il rencontre et même sur l'homme; enfin la paralysie survient et l'animal succombe dans un accès.

— La durée de la rage est de 1 à 8 jours; elle se termine toujours par la mort qui a lieu ordinairement du deuxième au troisième jour.

— La **Rage Mue** ou **Muette** est une variété de la rage ordinaire.

Ses caractères sont : gueule béante, à cause de la paralysie des muscles de la mâchoire; bouche sèche, d'un rouge lie de vin; oeil fixe, hébété, comme éteint; le plus souvent impossibilité de crier; la paralysie dont l'animal est atteint l'empêche de mordre et le rend moins dangereux. Cependant le danger existe par la grande quantité de salive qu'il répand partout où il passe.

— Le cheval et le porc enragés mordent.

— Le boeuf et le mouton ne mordent pas.

Traitement. — Chez les animaux la rage est incurable. — Comme préservatif, abattre ou séquestrer le plus longtemps possible les animaux mordus (Un an).

Pour l'homme, faire saigner la morsure, la laver abondamment, cautériser à la teinture d'iode et partir sans retard suivre le traitement à l'institut antirabique le plus voisin.

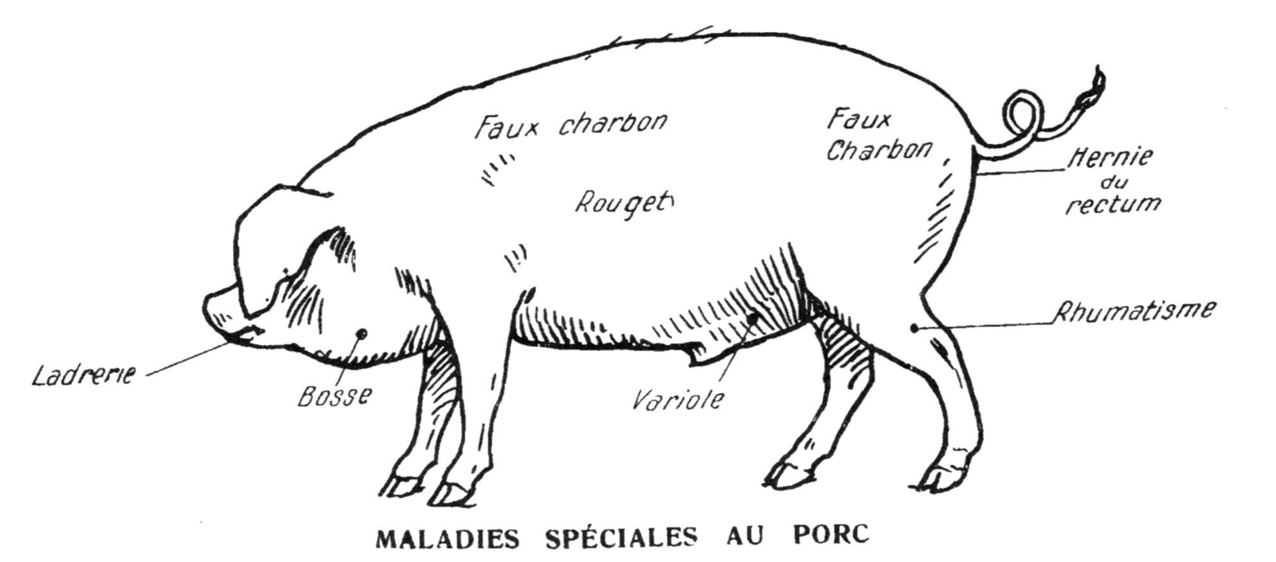

MALADIES SPÉCIALES AU PORC

RENVERSEMENT DU RECTUM

Accident très fréquent chez les petits porcs. — Il est causé par la constipation.

Traitement. — Au début, on le fait facilement rentrer en tenant le petit animal la tête en bas, le corps vertical et en faisant la réduction avec les doigts.

Si le renversement se reproduit, on remet le rectum en place, et autour de l'anus, on passe avec une aiguille une ficelle de fouet, bien fine, on serre ensuite cette coulisse de manière à ne laisser qu'une ouverture de la grosseur d'un manche de porte-plume, à seule fin de laisser passage aux excréments.

RÉTENTION D'URINE
DYSURIE - STRANGURIE, ETC. .

Accumulation d'urine dans la vessie. — Les causes qui s'opposent à l'écoulement des urines sont : l'inflammation des organes, des corps étrangers, l'amas de cambuis dans la verge (l'urètre), des calculs.

— La rétention d'urine produit de violentes coliques et peut être suivie de rupture de la vessie.

Traitement. — Nettoyer la verge et le fourreau ; vider la vessie au moyen d'une sonde creuse en caoutchouc.

— Chez le bélier, couper le prolongement effilé de la verge où sont ordinairement arrêtés les calculs ; après l'opération, tisane froide de graines de lin.

RHUMATISME
MYOSITE

Inflammation des muscles ou des jointures. — Le froid et l'humidité en sont les causes occasionnelles. — La douleur, le gonflement et la boiterie sont les symptômes du rhumatisme.

Traitement. — Frictions de **Résolutif Météorifuge.** — Ce liniment est d'une efficacité certaine dans cette affection et celles qui lui sont similaires. — Si le mal se prolonge, frictions de **Révulsif Universel.**

— Chez le porc l'huile de foie de morue à la dose de deux cuillerées à soupe par jour donne d'excellents résultats dans le traitement du rhumatisme.

— A l'intérieur pour les grands animaux donner de 8 à 10 grammes de salicylate de soude et 5 à 8 grammes d'Iodure de potassium par jour, jusqu'à atténuation des phénomènes.

— Continuer pendant 5 à 6 jours en diminuant progressivement les doses. — Après cessation de ce traitement, donner pendant quelques temps en barbottages 5 à 10 grammes de bicarbonate de soude et 5 à 10 grammes de nitrate de potasse, chaque jour.

— A l'extérieur frictions de **Résolutif Météorifuge** répétées 2 ou 3 fois par 24 heures.

ROUGET

Maladie infectieuse particulière au porc et due à un microbe très fin qui entre dans l'organisme par les voies digestives.

Symptômes. — Dès le début les symptômes sont très graves. — L'appétit est nul. — La fièvre très vive. — Les fonctions naturelles retardées ou supprimées. — L'animal est abattu. — Des taches rougeâtres apparaissent à l'intérieur des cuisses, sous le ventre, sous la gorge, à la base des oreilles. — Il y a des vomissements et de la diarrhée. — Ensuite la faiblesse augmente, les animaux se paralysent et les sujets succombent au bout de trois ou quatre jours. — Si l'affection passe ce temps, on peut espérer la guérison.

Traitement. — Isoler les malades. — Désinfecter les loges. — Au début, Calomel à la dose de 1 gramme pour les porcs adultes. — Inoculation Pasteurienne comme préventif.

SANG DE RATE
(Voir Charbon)

SEIME
ECLATE

La seime est une fente de la paroi ou muraille ; elle part du bourrelet et suit la direction des fibres de la corne. — La seime est dite en Pince, lorsqu'elle est placée sur cette partie du sabot ; Quarte, lorsqu'elle est placée sur les quartiers.

La seime en pince est plus fréquente aux pieds de derrière ;
la seime quarte se montre plus souvent aux pieds faibles, à
corne sèche et cassante, particulièrement sur les pieds parés
de travers. — Les quartiers de devant y sont plus sujets. —
La seime est dite Simple, lorsque les tissus vivants ne sont
point altérés ; Compliquée, lorsqu'il y a des plaies suppurantes, gangrenées.

— Pendant la marche, les bords de la fente peuvent pin-
cer les chairs et produire un écoulement de sang ; l'animal
boite. — La seime est sujette aux récidives.

Traitement. — Quand la seime est simple et ne fait pas
boiter, il faut immobiliser les bords de la fissure par l'application d'une ligature et éviter que le bord inférieur de la
paroi qui correspond à la seime, porte sur le fer.

— Le fer qui convient à la seime en pince, c'est le fer
ordinaire à deux pinçons. Pour la seime quarte, il faut le fer
à planche. — Quand la seime est compliquée, il faut exciser les chairs fongueuses et meurtries, amincir le plus possible la paroi au-dessous du bourrelet et aller jusqu'au fond
de la fissure ; puis, pratiquer sur le haut de la paroi deux
rainures profondes en forme de V. — La seime placée ainsi
au milieu du V se trouve isolée et partant immobilisée ; on
introduit ensuite un corps gras ou du goudron dans les
rainures et on applique une ligature.

— Une friction de **Révulsif Universel** sur la couronne
en modifiant la nature de la corne et en activant sa produc-
tion, donne souvent d'excellents résultats.

— Pour opérer la seime en V, nous avons fait confection-
ner de toutes petites scies ayant la forme d'un couteau de
poche, d'un usage facile ; ces scies nous permettent bien mieux
que la rainette, de faire des rainures nettes, à peine visibles
et d'en régler facilement la profondeur.

SOIE

Maladie particulière au porc, dont la nature n'est pas bien
déterminée.

Les grandes chaleurs, la sécheresse, les aliments altérés et
la malpropreté des porcheries, l'occasionnent.

— La soie est caractérisée par un enfoncement de la peau
suivi de gangrène.

Elle a pour siège la partie inférieure et latérale du cou. Elle débute par la rougeur de la peau qui ne tarde pas à devenir violacée; l'animal pousse des cris plaintifs, l'haleine est infecte; la mort arrive promptement.

— On a considéré cette maladie, tantôt comme une forme du charbon, tantôt comme une esquinancie gangreneuse. Elle est quelquefois épizootique.

Traitement. — Au début, frictions de **Révulsif Universel**, plus tard, extirpation ou mieux cautérisation au fer rouge de la partie rentrée de la peau pour prévenir l'engorgement gangreneux du cou. — Bonne nourriture. Boissons farineuses avec addition d'une cuillerée de **Poudre Tonique**.

SUROS

Tumeur osseuse qui se développe sur le canon. — Les suros se montrent surtout aux membres de devant. Ils sont le plus souvent le résultat d'une contusion.

Le suros est dit simple, lorsqu'il est éloigné des tendons et ne nuit point à leur mouvement; Doublé ou Chevillé, lorsqu'il se présente de chaque côté du canon, comme s'il le traversait. — Le suros Tendineux est celui qui est placé près des tendons et fait boiter.

Traitement. — Au début, frictions de **Révulsif Universel** plus tard, application du feu en pointes.

TÉTANOS
MAL DE CERF

Maladie microbienne à localisation nerveuse produisant la contraction permanente des muscles d'une ou de plusieurs parties ou de tout le corps.

Le tétanos se développe après certaines opérations telles que la castration, la queue à l'anglaise. — Les blessures du pied et celles produites à la nuque par le frottement du licol en corde, l'occasionnent souvent. — Le tétanos atteint plus souvent le cheval, l'âne et le mulet que les autres animaux.

Symptômes: Contraction des muscles des mâchoires empêchant que la bouche s'ouvre; l'animal est raide et se meut d'une seule pièce; il tient la tête haute, tendue sur le cou;

l'oreille et la queue sont droites ; l'oeil est fixe ; la salivation abondante; impossibilité de prendre des aliments et de se coucher; respiration pénible et quelquefois sueurs partielles. L'animal est très irritable. Le tétanos est une maladie très grave, qui malgré toutes les médications, entraîne le plus souvent la mort.

Traitement. — Surtout préventif. — Lorsqu'un cheval présente une plaie d'une profondeur d'une certaine gravité, il est prudent de lui faire une injection hypodermique de 10 centimètres cubes de Sérum antitétanique. Ces injections ne réussissent pas toujours dans les cas de tétanos confirmé.

En présence de tétanos confirmé, voici le traitement qui pendant notre pratique nous a le mieux réussi : Tenir chaudement, éviter avec le plus grand soin toutes les causes d'excitation telles que le bruit, une vive lumière ; nourrir avec des aliments liquides farineux, thé de foin. S'il y a constipation, donner dans les boissons, 200 grammes de sulfate de soude par jour, en plusieurs fois, jusqu'à relâchement.

Frictions sur le cou et la poitrine de **Résolutif Météorifuge**. Ces frictions assouplissent considérablement les muscles et sont d'un puissant secours.

Certains auteurs préconisent l'administration de l'acide phénique en lavements à la dose quotidienne de 15 à 30 grammes dissous dans 4 litres d'eau, dissolution que l'on donne par un litre toutes les quatre heures. Ces doses doivent être diminuées avec la diminution des symptômes.

THRUMBUS
MAL DE SAIGNÉE - PHLÉBITE

Epanchement de sang sous la peau et autour de la veine qu'on a ouverte pour la saignée, produisant une tumeur plus ou moins volumineuse.

— C'est le thrumbus de la veine du cou (jugulaire), qu'on observe le plus souvent et qui est le plus dangereux. — Le frottement et les saignées mal faites sont les causes qui le produisent.

— Lorsque le thrumbus est peu volumineux, il disparaît en peu de temps ; d'autrefois le gonflement augmente rapidement et remonte vers la tête ; si on ne se hâte d'y remédier, la veine s'enflamme, forme un cordon dur, la suppuration (phlébite) s'établit par l'ouverture de la saignée.

Traitement. — Au début, appliquer des compresses de décoction froide de **Poudre Tonique** ou des emplâtres d'argile et de vinaigre. Attacher les animaux de façon qu'ils ne puissent se frotter. Si le mal persiste, frictionner avec **le Révulsif Universel.** — Quand la veine est enflammée et suppure, cautériser au fer rouge.

TIC

Mauvaise habitude que contractent certains animaux.

L'animal qui tique est appelé tiqueur. Il est fréquent chez le cheval, rare chez les autres animaux. — On reconnaît le **Tic proprement dit, le Tic par Habitude, le Tic de l'Ours.**

— Le **Tic proprement dit** dépend d'une lésion ancienne de l'estomac ou de l'intestin. Il consiste dans une contraction brusque des muscles du cou et du ventre, accompagnée d'une expulsion bruyante, par la bouche, de gaz odorants provenant de l'estomac **(Rot).**

— Le tic est dit à l'Appui, lorsque l'animal prend avec les dents ou les lèvres, un point d'appui sur la mangeoire ou tout autre corps à sa portée, ce qui produit l'usure du bord externe des dents incisives. — Cette usure existe souvent aux deux mâchoires. — Le tic est dit en l'**Air**, lorsque l'animal porte la tête en haut, en bas ou de côté ; dans ce tic, l'usure des dents n'existe pas ; c'est pour cette raison que la loi l'a compris au nombre des vices rédhibitoires, avec 9 jours de garantie.

— C'est surtout pendant le repas que se produit le tic.

— Les chevaux tiqueurs sont sujets aux coliques et aux indigestions.

— Le tic de l'**Ours** consiste dans un balancement continuel du train de devant, dans lequel l'animal se porte alternativement sur un pied et sur l'autre et imite ainsi l'ours. Ce tic ne se produit qu'après le repas et n'a pas de grave inconvénient.

Traitement. — Le tic produit par une maladie ancienne de l'estomac ou de l'intestin est incurable ; s'il est le résultat de l'imitation, c'est-à-dire une mauvaise habitude, il faut placer les animaux dans des conditions opposées à celles qui l'ont fait naître.

TORSION DE LA MATRICE

Se présente assez souvent. — Pour la reconnaître, il faut pratiquer l'exploration de la manière suivante : — La main ayant sa face palmaire du côté du plancher du bassin, est introduite dans le vagin, elle y rencontre un pli qui suivi par la main l'oblige à exécuter un mouvement de rotation.

La torsion est à gauche si ce repli part du côté droit pour aller vers la gauche. Si l'inverse existe la torsion est à droite.

— Pour détordre la matrice on fait rouler la vache sur elle-même dans le même sens que la torsion.

— De droite à gauche, si la torsion est à droite.

— De gauche à droite, si la torsion est à gauche.

TOURNIS
LOURDAINE - LOURD

Maladie du cerveau du boeuf et du mouton, dont le caractère principal est de tourner. — Le tournis est produit par la compression du cerveau, qu'un ver, (Coenure) occasionne. — Il est plus fréquent chez le mouton que chez le boeuf.

Symptômes: La compression du cerveau dérange toutes les fonctions ; la démarche est chancelante ; l'animal tourne tantôt à droite, tantôt à gauche ; il baisse la tête et se précipite en avant, ou bien il la lève et se porte en arrière ; ces mouvements varient suivant la partie du cerveau occupée par les vers ; refus de manger, oeil bleuâtre. Quelquefois un peu de calme se produit, alors l'animal mange un peu, puis un accès le prend, il tourne longtemps, des convulsions arrivent, il tombe et meurt. Ce mal peut durer plusieurs mois.

Traitement. — Le tournis est incurable ; il faut livrer, sans retard, les animaux à la boucherie.

TUMEUR DU CROUPION

Maladie des volailles provoquée par la malpropreté.

Symptômes: Elle s'annonce par de la tristesse, — de la difficulté dans la marche, — de la constipation. — La tête est penchée — le plumage se hérisse. — Bientôt apparaît sur le croupion une grosseur pleine de pus.

Traitement. — Ouvrir la tumeur pour en faire écouler le pus. — Laver la plaie avec une décoction de **Poudre Tonique.** — Donner une nourriture rafraîchissante.

TYMPANITE
(Voir Météorisation)

TYPHUS DES BETES A CORNES
PESTE BOVINE

Maladie épizootique du bœuf, par altération du sang, caractérisée par la stupeur et les symptômes de l'inflammation de l'intestin et du cerveau.

— Le typhus est contagieux au plus haut degré, pour le bœuf seulement.

— **Causes :** Marches forcées ; intempéries ; mauvaise nourriture ; et surtout la contagion. — **Les bœufs de Hongrie, de Dalmatie, y sont plus sujets que les autres races.**

— Le typhus atteint fréquemment les bêtes à cornes qui suivent les corps d'armée et deviennent par leur mobilité, l'agent de propagation le plus actif de cette terrible maladie, dont les ravages sont incalculables.

Symptômes : Il s'annonce par la fièvre, la lassitude, des frissons, la perte d'appétit et des tremblements sont rapprochés, la soif, pour les boissons froides surtout, est très ardente ; les urines sont rares, il y a constipation ; tels sont les symptômes de la première période.

— Dans la seconde période dite **d'Infection,** les symptômes précédents s'aggravent, les yeux deviennent caves, donnent un liquide gluant et épais ; la bâve devient visqueuse ; des mucosités lie de vin et sanguinolentes s'écoulent du nez l'animal est toujours couché, grince des dents et fait entendre des plaintes continuelles ; la respiration devient râlante, les excréments fétides et enfin des convulsions, avant-coureurs de la mort.

— La marche du typhus est des plus rapides ; souvent la mort est instantanée.

Traitement. — Mesures Sanitaires. — Au début, petites saignées ; frictions de **Révulsif** au poitrail et aux fesses. Donner un litre de vin coupé d'eau, auquel on ajoute deux cuillerées de **Poudre Tonique** et une de **Résolutif Météorifuge**. — Répéter cette dose si le mal s'aggrave.

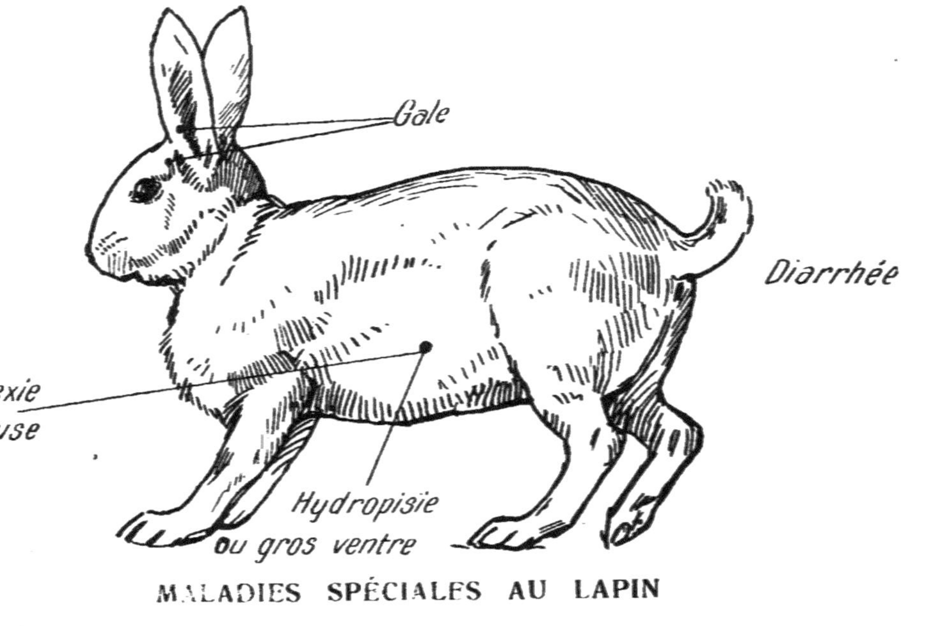

MALADIES SPÉCIALES AU LAPIN

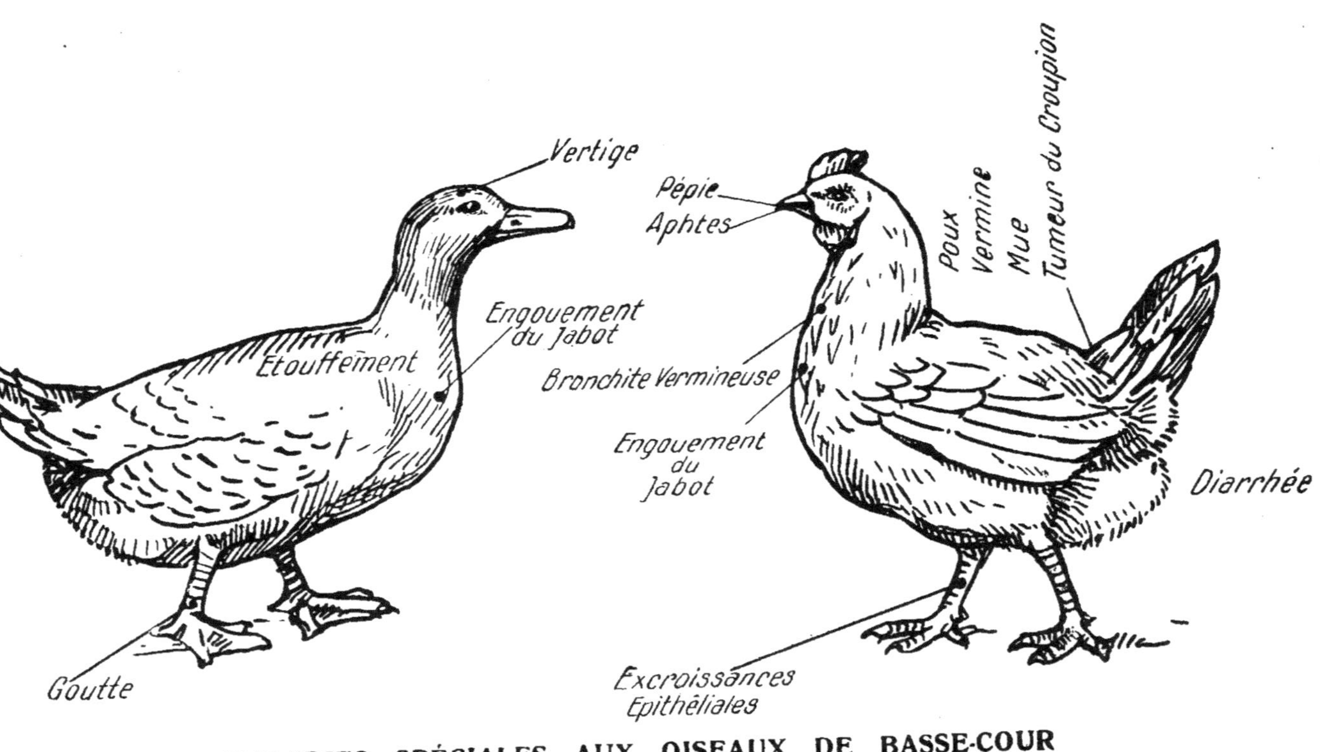

MALADIES SPÉCIALES AUX OISEAUX DE BASSE-COUR

Dès l'apparition du mal, en faire la déclaration à l'autorité,
isoler les animaux sains ; abattre et enfouir les malades;
surtout à la période d'infection ; désinfecter les étables.

ULCÈRE
CHANCRE

Plaie de mauvaise nature qui, au lieu de se cicatriser, tend
à s'aggrandir. — Les ulcères sont entretenus par un vice de
sang ou par une cause locale ; les plaies anciennes se trans-
forment quelquefois en úlcères. c'est dans la bouche, le nez,
sur l'oeil, les oreilles, etc. ., que se montrent les ulcères. —
Au début, c'est une petite plaie rougeâtre accompagnée de
démangeaison, puis elle s'aggrandit, ses bords deviennent
irréguliers et épais, un pus ichoreux, souvent sanguinolent,
s'en échappe.

Traitement. — Si l'ulcère est dû à une cause interne, on
emploie les purgatifs (sulfate de soude pour les grands animaux, huile de ricin pour les petits), les sétons, l'eau rouillée
comme boisson. En même temps, on modifie la nature de la
plaie en appliquant de l'**Onguent Détersif** ; quand la plaie
est devenue rose, on la panse avec la **Poudre Tonique** ou
le **Résolutif Météorifuge.** — Chez le chien, le chancre des
oreilles est fréquent; on le traite en immobilisant les oreilles
à l'aide d'une coiffe (béguin), on panse ensuite comme il est
dit plus haut.

VERRUES
(Voir Fics)

VERS
HELMINTHES

Parasites du corps des animaux. — Ils se montrent chez
les animaux maigres, mal nourris. — Ils occasionnent souvent des maladies telles que le tournis, la ladrerie. — On
en trouve dans le foie, le cerveau et surtout dans l'intestin.
Les principaux sont, dans l'estomac, le **Trigonocéphale** ;
dans l'intestin, les **Ascarides**, les **Ténias**, les **Distomes**. —
La présence des vers est souvent difficile à constater. —
Chez le chien, l'amaigrissement, les vomissements, les éter-
nuements, indiquent leur présence ; il en est de même lorsqu'on le voit se frotter ou se traîner sur le derrière.

Traitement. — Purger d'abord. — 4 ou 5 jours après, administrer de la **Poudre Tonique** dans une infusion de racine de fougère mâle. — Pour les grands animaux donner le **Résolutif Météorifuge** à la dose d'une cuillerée à soupe par jour dans un litre d'infusion de camomille pendant 3 ou 4 jours et purger ensuite. — On peut aussi employer les vermifuges suivants : le semen-contra ou son dérivé ; la santonine ; l'extrait éthéré ou la poudre de fougère mâle qui est plus facile à faire absorber chez les grands animaux ; l'écorce de racine de grenadier ; la mousse de Corse ; l'huile empyreumatique ; l'essence de térébenthine ; le calomel qui est aussi recommandable. — Fourrages salés.

Contre le Ténia (Ver solitaire) du chien on peut donner la décoction de racine de grenadier, l'extrait éthéré ou la poudre de fougère mâle, les graines de courge (20 à 30 graines pulvérisées), 2 heures après, administrer comme purgatif l'huile de ricin et si l'on a utilisé l'extrait éthéré ou la poudre de fougère, donner le sirop de nerprun.

Pour les oiseaux de basse-cour, on emploie le plus souvent les décoctions d'absinthe, de tanaisie, de camomille, à la dose d'une cuillerée à soupe 3 fois par jour.

Nota. — Comme pour la fougère mâle, après l'ingestion de semen-contra ou de santonine, éviter l'emploi de l'huile de ricin comme purgatif.

VERTIGE
VERTIGO - (CAPO STOURNO)

Maladie du cerveau, dans laquelle l'animal semble dormir, se porte en avant et ne peut reculer.

— Le vertige est produit par les indigestions, les inflammations du ventre, les courses prolongées par un soleil brûlant. — Il est plus fréquent chez le cheval que chez l'âne et le mulet.

— Le mal débute par le refus de manger, la nonchalance ; l'animal a la marche vacillante, l'oeil rouge, souvent jaune ; plus tard, il semble dormir profondément, n'entend pas, ne voit pas ou peu ; la tête est basse ou appuyée sur la mangeoire, la respiration est lente, puis il se porte en avant (il pousse) ; le soir, de violents accès se produisent, alors l'animal devient furieux, se précipite violemment contre le mur ; le calme succède à cet état, la tête est basse, la stupeur est complète.

— Le vertige se produit assez souvent chez les oies.

— On les voit allonger le cou, secouer la tête, la traîner à terre et refuser toute alimentation. — Si l'on intervient pas à temps la mort ne tarde pas à survenir.

Traitement. — Administrer, sans retard, 500 grammes de sulfate de soude dans une infusion de tilleul; répéter cette dose six heures après. — Lavements; saignées à la queue ou mieux, au cou; sétons animés sur les côtés du cou; frictions de **Révulsif Universel** aux fesses; compresses d'eau froide vinaigrée sur la tête. Mettre l'animal dans l'impossibilité de s'assommer. Boissons farineuses.

— Pour combattre le vertige des oies, leur faire sans retard une petite saignée à une grosse veine située entre les doigts de leurs pattes.

VESSIGONS

Tumeurs molles qui naissent au pourtour du jarret ou du genou.

— Les efforts, les mouvements brusques des jointures, les contusions, produisent les vessigons.

— Le vessigon du jarret est dit Simple quand il n'existe que d'un côté; Chevillé lorsqu'il se montre des deux.

— Ces tumeurs sont ordinairement insensibles, font rarement boiter, mais elles affaiblissent considérablement les jointures; souvent avec les vessigons, existent des exostoses.

Traitement. — Au début, frictions de **Révulsif Universel**; plus tard, appliquer le feu en pointes.

VIEILLE COURBATURE
(Voir Pneumonie et Pleurésie Chronique)

FIN

APPENDICE

Eau de Goudron. — On la prépare en enduisant de goudron de Norvège l'intérieur d'un seau qu'on remplit ensuite d'eau. On se sert du même seau pendant un mois, sans avoir besoin d'ajouter du goudron ; l'eau s'y goudronne en peu de temps.

Eau Rouillée. — On l'obtient en laissant séjourner quelques poignées de clous dans l'eau (3o litres). — Au bout de 24 heures l'eau a pris une couleur rouge rouille qui indique qu'on peut l'employer.

Huile Aromatique. — On la prépare en mêlant une cuillerée à café de Liniment Antipsorique avec une cuillerée à soupe de bonne huile d'olive.

Thé de Foin. — On l'obtient en faisant macérer dans l'eau bouillante quelques poignées de bon foin. — Le jus qui résulte de cette macération est donné aux animaux.

Décoction. — Nom donné au liquide qu'on obtient en faisant bouillir une substance dans l'eau afin d'en extraire certains principes. — S'emploie généralement à froid.

Gargarisme. — Préparation destinée à laver l'intérieur de la bouche. On fait des gargarismes au moyen d'une seringue, ou bien on attache solidement au bout d'un bâton une éponge ou du linge fin qu'on imbibe de médicament et que l'on promène dans la bouche.

Infusion. — L'infusion consiste à verser de l'eau bouillante sur les substances, qu'on recouvre ensuite pour éviter l'évaporation des principes volatils.

Oxymel. — Mélange de miel, de vinaigre et d'eau dans les proportions suivantes : miel, deux cuillerées à soupe ; vinaigre, deux cuillerées à soupe ; eau, un verre.

Solution Iodée
Iode	1 gramme
Iodure de Potassium	2 grammes
Eau	1000 centimètres cubes

Solution de Permanganate de Potasse
| Permanganate de Potasse | 0,gr.50 à 1 gr. |
| Eau | 1000 centimètres cubes |

Solution Phéniquée
$\left\{\begin{array}{l}\text{Acide Phéniqué blanc 10 gr.}\\\text{Glycérine à 30°} \quad\quad \text{25 gr.}\\\text{Eau, quantité suffisante pour 1000 c.c.}\end{array}\right.$

Pharmacie Vétérinaire des Campagnes. — La pharmacie vétérinaire des campagnes dont la place est marquée dans chaque ferme, se compose :

1°) du **Révulsif Universel.** — Ce remède ne contient aucune substance nuisible, remplace le feu sans laisser la moindre trace de son emploi. — **Vésicant** et **Fondant**, il agit plus promptement que les onguents vésicatoires, les moutardes, etc. . ., qu'il remplace dans tous les cas.

On l'emploie en frictions de 8 à 10 minutes, avec la main, en ayant auparavant coupé le poil de la partie qu'on veut frictionner.

Il guérit les **Ecarts** ou **Efforts** de l'épaule, de la hanche, des reins, du boulet ; les Molettes, Vessigons, Capelets, Suros ; les Engorgements tendineux, gros jarret ; — s'emploie comme Vésicant dans les maux de gorge — fluxions de poitrine — pleurésie — entérite — vertige — paralysie — tumeurs charbonneuses (avant-coeur) — coups de pied — fistules — indurations, etc. . .

2°) **Antipsorique.** — Ce liniment guérit toutes les maladies de la peau du cheval, du boeuf, du chien et du mouton, telles que gâle — dartres sèches — dartres ulcérées — eczèma — mal d'âne — poux. C'est un parasiticide certain.

Il s'emploie en frictions légères.

3°) **Poudre Tonique.** — Dessicative et antiputride. Guérit promptement les genoux couronnés dont elle fait repousser le poil ; les plaies produites par les harnais — plaies fistuleuses — crevasses — aphtes — ulcères — brûlures — furoncles — érysipèles. — A l'intérieur, dans les cas de coliques, indigestions — inflammation du ventre — diarrhée des jeunes animaux, pissement de sang (hématurie) — charbon — cachexie du mouton — typhus — gangrène et toutes les maladies par altération du sang.

4°) **Résolutif Météorifuge.** — Fait disparaître douleurs rhumatismales, articulaires — des reins — des épaules — de la cuisse ; — faiblesse des membres — atrophie — myosite — assouplit les muscles dans les cas de tétanos — triomphe promptement des entorses, contusions, foulures, etc. Fait merveille et reste inégalable dans tous les cas de Coliques ou de Météorisation chez tous les animaux.

5·) **Onguent Détersif.** — Effet certain dans les cas de :
eaux aux jambes (grappes) — piétain — crapaud — fourchette pourrie — excroissance de chair — furoncles ou
clous, etc. . .

6·) **Le Vétérinaire Praticien.** — Le guide indispensable
pour l'emploi des médicaments qui constituent cette pharmacie.

LA PHARMACIE VÉTÉRINAIRE DES CAMPAGNES

est en vente au Dépôt Général

et dans toutes les Pharmacies.

CONCESSIONNAIRES POUR LA FRANCE
ET LE MONDE ENTIER

Etablissements RUIZAND Frères et René SALLES
CREST (Drôme)

Laboratoires à Saillans (Drôme)

P. PERRIN, Pharmacien () Directeur

TABLEAU des DOSES de MÉDICAMENTS à DONNER à CHAQUE ESPÈCE

NOMS DES MÉDICAMENTS	GRANDS RUMINANTS	SOLIPÈDES (Cheval, Mulet)	PETITS RUMINANTS	PORCS	CHIENS	CHATS OISEAUX de basse-cour	Nombre de fois par 24 heures
Acétanilide	15 grammes	10 grammes	3 grammes	1 gramme			1
Acétate d'Ammoniaque .	100 à 250 gr.	100 à 200 gr.	30 à 50 gr.	16 à 30 gr.	8 à 15 gr.	2 à 5 gr.	2
Aloès	125 à 200 gr.	64 à 96 gr	16 à 64 gr.	8 à 16 gr.	2 à 4 gr.	0ᵍ·15 à 0ᵍ·50	1
Ammoniaque . . .	32 à 64 gr.	8, 16, 32 gr.	2, 4, 8 gr.	2, 4, 8 gr.	2, 8, 16, gouttes		2
Assa-Foetida . . .	32 à 64 gr.	30 à 60 gr.	8 à 16 gr.	8 à 16 gr.	1 à 4 gr.		2
Bicarbonate de Soude .	32 à 60 gr.	16 à 32 gr.	6 à 12 gr.	6 à 12 gr.	0ᵍ· 50 à 2 gr.		2
Café en Poudre . .	150 grammes	60 grammes	30 grammes	30 grammes	10 grammes	2 grammes	2
Camphre	8 à 24 gr.	8 à 32 gr.	2 à 8 gr.	1 à 4 gr.	0ᵍ 50 à 2 gr.	0ᵍ·10 à 0ᵍ.50	2
Camomille . . .	16 à 32 gr.	16 à 32 gr.	3 à 6 gr.	3 à 6 gr.	2 à 4 gr.		2
Carbonate de Fer . .	16 à 64 gr.	10 à 40 gr.	8 à 16 gr.	1 à 8 gr.	1 à 4 gr.		1
Crême de Tartre . .	50 à 100 gr.	25 à 50 gr.	10 à 20 gr.	10 à 15 gr.			1
Extrait de Fougère Mâle .					1 à 2 gr.		1
Ergotine	5 à 10 gr.	5 à 10 gr.	0ᵍ·30 à 0ᵍ·50	0ᵍ·30 à 0ᵍ·50	0ᵍ·10 à 0ᵍ·30		1
Essence de Térébenthine .	32 à 48 gr.	32 à 48 gr.	4 à 12 gr.	4 à 12 gr.	2 à 4 gr.		2
Ether Sulfurique . .	16 à 125 gr.	16 à 125 gr.	4 à 16 gr.	4 à 8 gr.	0ᵍ 50 à 4 gr		2
Gentiane	32 à 150 gr.	32 à 150 gr.	8 à 32 gr.	8 à 20 gr.	4 à 8 gr.		1
Huile Empyreumatique .	16 à 32 gr,	12 à 24 gr.	2 à 4 gr.	2 à 4 gr.	0ᵍ 50 à 1 gr.		1
Huile de Ricin . . .	500 à 1000 gr.	500 à 1000 gr.	64 à 150 gr.	32 à 96 gr.	32 à 64 gr.		1
Iodure de Potassium. .	6 à 12 gr.	6 à 12 gr.	0ᵍ·75 à 2ᵍ·50	0ᵍ·75 à 2ᵍ·50	0ᵍ·25 à 0ᵍ·50		2

TABLEAU des DOSES de MÉDICAMENTS à DONNER à CHAQUE ESPÈCE

NOMS DES MÉDICAMENTS	GRANDS RUMINANTS	SOLIPÈDES (Cheval, Mulet)	PETITS RUMINANTS	PORCS	CHIENS	CHATS OISEAUX de basse-cour	Nombre de fois par 24 heures
Ipéca.	8 à 16 gr.	8 à 16 gr.	2 à 4 gr.	0g·50 à 2 gr.	0g·10 à 1 gr.		1
Kermès Minéral	32 à 64 gr.	16 à 32 gr.	4 à 8 gr.	4 à 8 gr.	2 à 4 gr.		1
Laudanum de Sydenham	8 à 15 gr.	7 à 10 gr.	3 à 6 gr.	2 à 4 gr.	1 à 1g·50	0g·10 à 0g·15	2 3 4
Manne	500 à 1000 gr.	500 à 1000 gr.	64 à 125 gr.	60 à 90 gr.	32 à 64 gr.		1
Quassia Amara.	15 à 30 gr.	15 à 30 gr.	5 à 10 gr.	4 à 8 gr.	2 à 4 gr.	0g·50 à 1 gr.	2
Sulfate de Quinine.	10 à 15 gr.	10 à 15 gr.	2 à 3 gr.	1 à 3 gr.	0g·50 à 1g·50	0 gr. 10	1
Chlorhydrate de Quinine	3 à 6 gr.	2 à 5 gr.	0g·25 à 0g·60	0g·20 à 0g·50	0g·05 à 0g·10	0 gr. 05	1
Racine de Valériane	64 à 125 gr.	60 à 100 gr.	16 à 32 gr.	16 à 32 gr.	4 à 8 gr.		3
Rhubarbe	120 à 150 gr.	120 à 150 gr.	5 à 10 gr.	5 à 10 gr.	2 à 4 gr.		1
Salicylate de Soude	30 à 60 gr.	30 à 60 gr.	5 à 10 gr.	5 à 10 gr.	2 à 5 gr.		1
Sel de Nitre	16 à 48 gr.	15 à 30 gr.	4 à 8 gr.	4 à 8 gr.	0g·50 à 2 gr.		2
Séné.	125 à 150 gr.	125 à 150 gr.	32 à 64 gr.	8 à 16 gr.	4 à 12 gr.		1
Soufre	32 à 64 gr.	32 à 64 gr.	10 à 20 gr.	8 à 16 gr.	4 à 8 gr.		2
Sulfate de Soude	250 à 500 gr.	500 à 1000 gr.	100 à 150 gr.	100 à 150gr.	32 à 64 gr.		1
Sirop de Nerprun	150 à 250 gr.	150 à 250 gr.	50 à 70 gr.	45 à 70 gr.	30 à 60 gr.		1
Semen-Contra	50 à 100 gr.	50 à 100 gr.	10 à 20 gr.	10 à 20 gr.	2 à 10 gr.		1
Santonine				0g·10 à 0g·15	0g.05 à 0g.08 Ch. de pet. taille 0g.02 à 0g.03	0g·01 à 0g·02	1

TABLE DES MATIÈRES

A

Abcès 15
Abcès de fixation . . . 7
Accouchement laborieux . 8
Achores 17
Acrobustite . . . 17
Aggravée 18
Albugo 19
Amaurose 19
Anasarque 19
Anémie 21
Angine 21
Anorexie 22
Anthrax 42
Appauvrissement du sang 21
Aphtes 23
Apoplexie 50
Apoplexie du sabot . . 77
Aposième 15
Arrachement des cornes . 25
Arthrite 24
Ascite 25
Asphyxie 26
Asthme . . . 27 et 110
Atrophie 27
Atteinte 27
Avant-cœur 42
Avortement . . . 28
Avives 103

B

Balanite 17
Ballonnement . . . 30
Bleime 30
Blennorrhée . . . 17
Blépharite . . 31 et 50
Blessures 31
Boiterie 32
Boiterie intermittente . 32
Bouquet 99
Bosse 33
Bouleture 33
Bouteille 36
Bronchite 34
Bronchite vermineuse . 35
Brômes 34
Brûlures 35

C

Cachexie aqueuse . . 36
Cachexie séreuse . . 85
Calculs 37
Cancer . . . 38 et 54
Cancre 54
Capelet 38
Capo stourno . . . 122
Carcinome 54
Carie 39
Catarrhe . . 34 et 39
Catarrhe nasal . . . 53
Catarrhe de la vessie . 57
Cerises 41
Charbon 42
Charbon de la langue . 82
Chaud et froid . . 108
Chancres . . 42 et 122
Cheval bouleté . . . 33
Choléra de la volaille . 44
Chorée 45
Claudication . . . 32
Claveau 46
Clavelée 46
Clou de rue . . . 47
Coccidiose hépatique . 85
Cocotte 74
Coliques 48
Congestion 50
Conjonctivite . . . 50
Constipation . . . 51
Contusion 51
Cor 52
Cornage 53
Coryza 53
Coup 51
Coup de chaleur . . 41
Coup de pied . . . 51
Coup de sang . 41 et 50
Courbe 54
Courbature 54
Cours de ventre . . 59
Crapaud 54
Crapaud du mouton . 106
Crapaudine 55
Crevasses 56
Crevasses au pied . . 18
Cystite 57

D

Danse de Saint-Guy . . 45
Dartres 58
Dégoût . . . . 22 et 58
Dents (Maladie des) . . . 58
Dépôt 15
Descente 85
Dévoiement 59
Diarrhée 59
Didymite 101
Douve 36
Durillon 60
Dyssenterie 60
Dyssurie 113

E

Eaux aux jambes . . . 60
Ebullition 61
Ecart 62
Echauboulure . . . 61
Eclate 114
Eczéma 60
Effort . . . 62 et 66
Effort de l'épaule . . 62
Effort du boulet . . 67
Effort de la cuisse . . 67
Effort des reins . . 90
Effort du tendon . . 99
Emaciation . . . 27
Emphysème . . . 63
Emphysème pulmonaire 110
Encastelure . . . 63
Enchevêtrure . . . 63
Enchifrênement . 53 et 64
Enclouure . . . 64
Engéioleucite . . . 71
Engouement du jabot . 64
Engorgement laiteux . 94
Engravée . . . 18
Entéralgie . . . 48
Entérite . . . 65
Entorse . . . 66
Entr'ouverture . 62 et 67
Eparvin . . . 67
Epilepsie . . . 68
Eponge . . . 69
Erysipèle . . . 60
Esquinancie . . . 21
Etonnement du sabot . 70
Extraction du placenta . 10
Etranguillon . . . 21
Etouffement . . . 71
Eventration . . . 71

F

Excroissances des pattes 70
Exostose . . . 71

Falère 95
Farcin 71
Faux-charbon . . . 72
Faux-écart . . . 62
Faux-piétin . . . 73
Fève 102
Fics 73
Fièvre 1
Fièvre aphteuse . . 73
Fièvre charbonneuse . 42
Fièvre de lait . . . 75
Fièvre muqueuse . . 92
Fièvre néphrétique . 98
Fièvre vitulaire . . 75
Fistule 75
Fluxion de poitrine . . 76
Fluxion périodique des yeux 76
Fluxion lunatique . . 76
Foire 59
Formes 76
Formelles 76
Fourbature . . . 77
Fourbure 77
Fourbure du chien . 18
Fourchet . . . 78
Fourchette échauffée . 79
Fourchette pourrie . 79
Fourmilière . . . 79
Fracture . . . 79
Fureurs utérines . . 99
Furoncles . . . 88

G

Gale 80
Gangrène 81
Gangrène des os . . 39
Gastrite 82
Gastroentérite . . . 82
Gestation 8
Glossentrax . . 42 et 82
Gonorrhée . . . 17
Gourme 82
Goutte 83
Goutte sereine . . 19
Grappes . . . 60
Graviers . . . 37
Grease 60
Gros-ventre . . . 85

H

Halley	53
Haut-mal	68
Helminies	121
Hématurie	83
Hémorragie	84
Hépatite	84
Hernie	85
Herpès	85
Hydrocèle	85
Hydrohémie	21
Hydrophobie	111
Hydropisie	19 et 85
Hydropisie du ventre	25
Hyperhémie	50
Hystéritis	96

I

Ictère	86
Immobilité	86
Inappétence	22 et 87
Indigestion	87
Indigestion gazeuse	95
Insolation	41

J

Jarde	87
Jardon	87
Jaunisse	86 et 88
Javart	88

K

Kyste	89

L

Ladrerie	90
Lampas	102
Laryngite	90
Lèpre	90
Limace	78 et 90
Lombago	90
Lourd	119
Lourdaine	119
Luxation	91

M

Mal d'âne	55 et 91
Mal des ardents	91
Mal de brou	83
Mal caduc	68
Mal de cerf	91 et 116
Mal de dent	91
Mal d'encolure	91
Mal de foie	36
Mal de garrot	92
Mal de gorge	21 et 92
Mal de langue	92
Mal de lune	100
Mal de pis	92
Mal de saignée	117
Mal de sang	94
Mal rouge	94
Mal sucré	68
Mal de tête de contagion	92
Maladie aphteuse	92
Maladie des chiens	92
Maladie du jeune âge	92
Maladie du sang	42
Maladie de Sologne	94
Malandres	56 et 94
Mammite	94
Mastite	94
Méningite	95
Météorisme	95
Météorisation	95
Métrite	96
Meurtrissure	51
Molette	96
Morfondure	4
Morve	97
Morve des chiens	92
Mouches	97
Moyen de faire perd. le lait	98
Mue	98
Muguet	98
Myosite	113

N

Nécrose	39 et 81
Néphrite	98
Nerf-ferrure	99
Noir museau	99
Nuage	19
Nymphomanie	99

O

Oedème	100
Ophtalmie	100
Ophtalmie externe	50 et 100
Ophtalmie périodique	101
Orchite	101

P

Palatite.	102
Panaris	88
Paralysie	102
Paraplégie	102
Parotidite	103
Passe-campane	38
Pépie	103
Péripneumonie	104
Peste bovine	120
Perte d'appétit	22
Petite vérole	46
Phlébite	117
Phlegmon	15
Phlegmon des mamelles.	94
Phimosis	17
Phtisie pulmonaire	105
Phtiriase	105
Fieds échauffés.	18
Pica	106
Pierre	37
Picotte	46
Piétin	106
Piqûre	64
Pissement du sang	83
Plaies	107
Plaies fistuleuses	108
Pleurésie	108
Pneumonie	109
Poireaux	73
Pommelière	105
Pouls	2
Pourriture	36
Pousse	110
Poux	111
Pouillottement	105
Prise de longe	60
Pustule	111

R

Rage	111
Renversement de la matrice	12
Renversement du rectum	113
Renversement du vagin	11
Refroidissement	108
Rétention d'urine	113
Rhinite	53
Rhume de cerveau	53
Rhume de poitrine	34
Rhumatisme	113
Rogne	80

Rougeole.	46
Rouget	114
Rouvieux	80

S

Saignée	3
Sang de rate	42, 94 et 114
Seime	114
Septicémie	44
Séton	6
Sifflage	53
Soie	115
Solandres	56
Sole brûlée	36
Soyon	115
Stomatite simple	102
Stomatite aphteuse	74
Strangurie	113
Suros	116

T

Taie	19
Taurelière	99
Tétanos	116
Thrombus	117
Tic	118
Torsion de la matrice	119
Tour de rein	90
Tournis	119
Trachéotomie	14
Tranchées	48
Tuberculose	105
Tumeur du croupion	119
Tympanite	95 et 120
Typhus	120

U

Ulcère	121
Ulcère des poulains	17
Urticaire	61

V

Variole	46
Vermine	111
Vers	121
Verrue	73 et 121
Vessigons	123
Vertige	122
Vertigo.	122
Vieille Courbature	105
Vieux mal	32
Vivrogne	99

www.ingramcontent.com/pod-product-compliance
Lightning Source LLC
LaVergne TN
LVHW021707060726
842527LV00003B/1039